国家自然科学基金课题“跨维度的资源循环制度设计理论与方法研究-以中国铅资源循环为例”（课题编号：52070007）支撑研究成果

中国铅蓄电池回收利用模式研究

张德元 吴玉锋 宋国轩 崔璇 范心雨 ◎ 著

中国财经出版传媒集团

经济科学出版社
Economic Science Press

·北 京·

图书在版编目（CIP）数据

中国铅蓄电池回收利用模式研究/张德元等著. --北京：经济科学出版社，2023.10
ISBN 978-7-5218-4279-1

Ⅰ.①中… Ⅱ.①张… Ⅲ.①铅蓄电池-废物综合利用-研究-中国 Ⅳ.①X760.5

中国版本图书馆 CIP 数据核字（2022）第 216661 号

责任编辑：孙丽丽　戴婷婷
责任校对：徐　昕
责任印制：范　艳

中国铅蓄电池回收利用模式研究
张德元　吴玉锋　宋国轩　崔　璇　范心雨　著
经济科学出版社出版、发行　新华书店经销
社址：北京市海淀区阜成路甲 28 号　邮编：100142
总编部电话：010-88191217　发行部电话：010-88191522
网址：www.esp.com.cn
电子邮箱：esp@esp.com.cn
天猫网店：经济科学出版社旗舰店
网址：http://jjkxcbs.tmall.com
北京季蜂印刷有限公司印装
710×1000　16 开　11 印张　180000 字
2023 年 10 月第 1 版　2023 年 10 月第 1 次印刷
ISBN 978-7-5218-4279-1　定价：46.00 元
（图书出现印装问题，本社负责调换。电话：010-88191545）

目录

第一章

绪　　论

我国是世界第一大铅蓄电池生产国和消费国，占世界总产量的比重超过40%①，废铅蓄电池回收利用市场规模超过400亿元②。对铅蓄电池各相关主体回收利用行为进行分析，通过构建模型找出最优回收路径，对落实生产者责任延伸（Extended Producer Responsibility，以下简称EPR）制度，推动铅蓄电池规范回收具有重要理论和现实意义。

第一节　研究背景

铅蓄电池是化学电池中市场份额最大、使用范围最广的一种蓄电池，特别是在机动车起动和大型储能等应用领域使用非常普遍。近年来，随着新技术的突破和新结构的应用，铅碳电池、双极性电池、非铅板栅电池等先进铅蓄电池不断问世，改变了传统铅蓄电池质量能量比偏低、循环寿命较短等发展短板，为铅蓄电池产业的持续发展注入了新的活力。

我国是全球最大的铅蓄电池生产国、消费国和出口国，铅蓄电池产量占世界总产量的比重超过40%③。目前，铅蓄电池广泛应用于汽车启动、通信基站、备用电源、储能电站、电动自行车等领域。2021年，我国约有

---

①③　我国废铅蓄电池回收利用情况［EB/OL］. 北极星固废网，https：//huanbao. bjx. com. cn/news/20171130/864824. shtml.

②　尹冉庆. 铅蓄电池回收行业分析及回收模式探讨［EB/OL］. https：//mp. weixin. qq. com/s/vBZCXRQQp633CufD5O230g.

437.5 万吨铅蓄电池报废①。废铅蓄电池可回收利用率高、再利用价值大，市场规模超过 400 亿元。然而，目前国内废铅蓄电池的收集主要由经济利益驱动，80% 以上的废铅蓄电池都流入到了非正规拆解加工渠道，而规范转移、利用、处置的废铅蓄电池不到废铅蓄电池产生量的 20%②。

废铅蓄电池的不规范处置会带来严重的环境危害。废铅蓄电池中含有 60% 左右的金属铅和 20% 左右的硫酸液，如不能得到安全有效的收集和利用处理，将会对生态环境造成严重威胁。研究表明，废酸液一旦渗入土壤会破坏土壤并引起地下水污染，同时铅具有富集性，会在食物中富集，一旦人体血液中铅超标会引起人体贫血、腹痛、记忆力下降，严重时会导致人体的神经系统紊乱。废铅蓄电池除了具有毒性以外，还是重要的矿产资源。铅是十大主要有色金属之一，具有很高的资源价值。随着铅矿资源的不断开采，我国原生铅储量已经不多，已不能满足国内工业需求。如不加快对废铅蓄电池的再生利用，我国的铅使用将出现严重紧缺，影响铅电池行业的可持续发展。

目前，我国废铅蓄电池回收利用仍处于快速发展阶段，回收渠道较为混乱，非法或非正规企业众多，不规范经营现象严重，环境污染风险仍然较大，废铅蓄电池的规范回收利用已经成为制约铅蓄电池制造业可持续发展的重要内容之一。2019 年，生态环境部等 9 部委联合印发了《废铅蓄电池污染防治行动方案》③，明确在铅蓄电池行业落实生产者延伸责任，到 2025 年，废铅蓄电池规范收集率达到 70%，规范收集的废铅蓄电池全部安全利用处置。

本书基于已有研究，将研究视角扩展到多方参与主体行为模式方面，专注于主体行为形成的原因及影响因素分析方面，基于 UTAUT 理论，构建废铅蓄电池回收利用主体行为分析模型，分析影响废铅蓄电池回收利用

---

① 何艺，王维，丁鹤等．铅蓄电池落实生产者责任延伸制度成效与展望［J］．环境工程学报，2021，15（07）：2218－2222.

② 尹冉庆．铅蓄电池回收行业分析及回收模式探讨［EB/OL］. https：//mp. weixin. qq. com/s/vBZCXRQQp633CufD5O230g.

③ 生态环境部．关于印发《废铅蓄电池污染防治行动方案》的通知［EB/OL］. https：//www. mee. gov. cn/xxgk2018/xxgk/xxgk05/201901/t20190124_690792. html.

的主要因素；然后基于动态演化博弈模型，分析适合我国废铅蓄电池回收利用的主要回收利用模式，研究废铅蓄电池主体行为表征的内在机理，将分析的重点放在废铅蓄电池政策、主体行为的内在动机以及个体回收行为的单独驱动因素的影响上。同时，我们也调查了当公众回收行为面临困境时，废铅蓄电池保障性政策发挥有效性的必要条件，即当公众存在返还废铅蓄电池给合规回收商的困境时，如何通过有效的政策加以激励，推动废铅蓄电池回收利用率提升，结合中国实际情况全面推广 EPR 系统，丰富参与主体的互动机制的相关研究。

第二节　研究框架

本书从当前我国废铅蓄电池回收利用现状出发，在借鉴日本、美国、德国等回收模式、法律体系等成熟经验的基础上，对比我国在废铅蓄电池回收利用上面临的瓶颈和不足。同时，对生产者、分销商、消费者及回收商等废铅蓄电池回收利用体系的主要参与主体进行调研，借助实证研究的方法，探索出适合我国国情的最优回收利用模式。

一、研究内容

本书基于目前国内废铅蓄电池存在的回收利用流程不规范、正规回收利用水平不高、环境污染风险较高等现实问题，从铅蓄电池发展状况和回收利用状况出发，分析影响废铅蓄电池回收利用的主要因素，以及适合我国废铅蓄电池回收利用的主要模式。各章主要内容安排如下：

第一章，绪论。基于我国铅蓄电池目前的回收利用状况，阐述了我国铅蓄电池回收利用行业发展现状，国家有关法规政策要求，并对全书内容进行了综述，提出了本书的技术路线、研究方法和主要研究意义。

第二章，研究综述。从理论和实践两个方面对国内外现有废铅蓄电池回收利用的相关研究进展进行综述。一方面，从理论层面，分析废铅蓄电池回收利用模式和相关模型分析的研究进展，为本书中研究方法和分析模型的建立奠定基础；另一方面，从实践角度，分析国际上发达国家和地区废铅蓄电池 EPR 实践进展情况，为本书中我国 EPR 制度推行方案的提出提供借鉴。

第三章，我国铅蓄电池行业发展概况。论述了铅蓄电池的定义、分类及其属性，分析我国铅蓄电池近年来的生产和消费情况、回收利用总体情况，以及我国铅蓄电池 EPR 制度实施的基本情况。

第四章，废铅蓄电池回收利用模式分析。主要分析了以生产者逆向回收利用模式和第三方社会化回收利用模式为代表的废铅蓄电池典型回收利用模式的运行机制、相关主体，以及优缺点和适用性等。

第五章，废铅蓄电池回收利用主体行为影响因素分析。通过开展广泛的相关主体行为影响因素问卷调查，运用行为主体分析理论模型，分析消费者、经销商/维修商、回收商、再生铅企业、生产者这些不同主体行为的主要影响因素，为铅蓄电池最优回收利用模式的选择奠定理论和实践基础。

第六章，EPR 制度下最优回收利用模式研究。分析基于铅蓄电池生产者逆向回收和第三方再生铅企业的回收利用模式，基于博弈模型开展 EPR 制度下的最优回收利用模式设计。

第七章，结论与政策建议。总结全书研究结论与建议，从政府、行业、社会等不同层面，提出有利于提升废铅蓄电池正规回收利用水平的具体政策措施建议。

二、技术路线

本书的研究技术路线如图 1 - 1 所示：首先，分析废铅蓄电池发展现状，提出目前亟待解决的关键问题。在此基础上，进行问卷调查分析，探析参与主体的行为及其影响因素，并构建动态演化博弈模型，研究适合中国的铅蓄电池回收利用模式，为废铅蓄电池回收利用工作的开展提出有关政策建议。

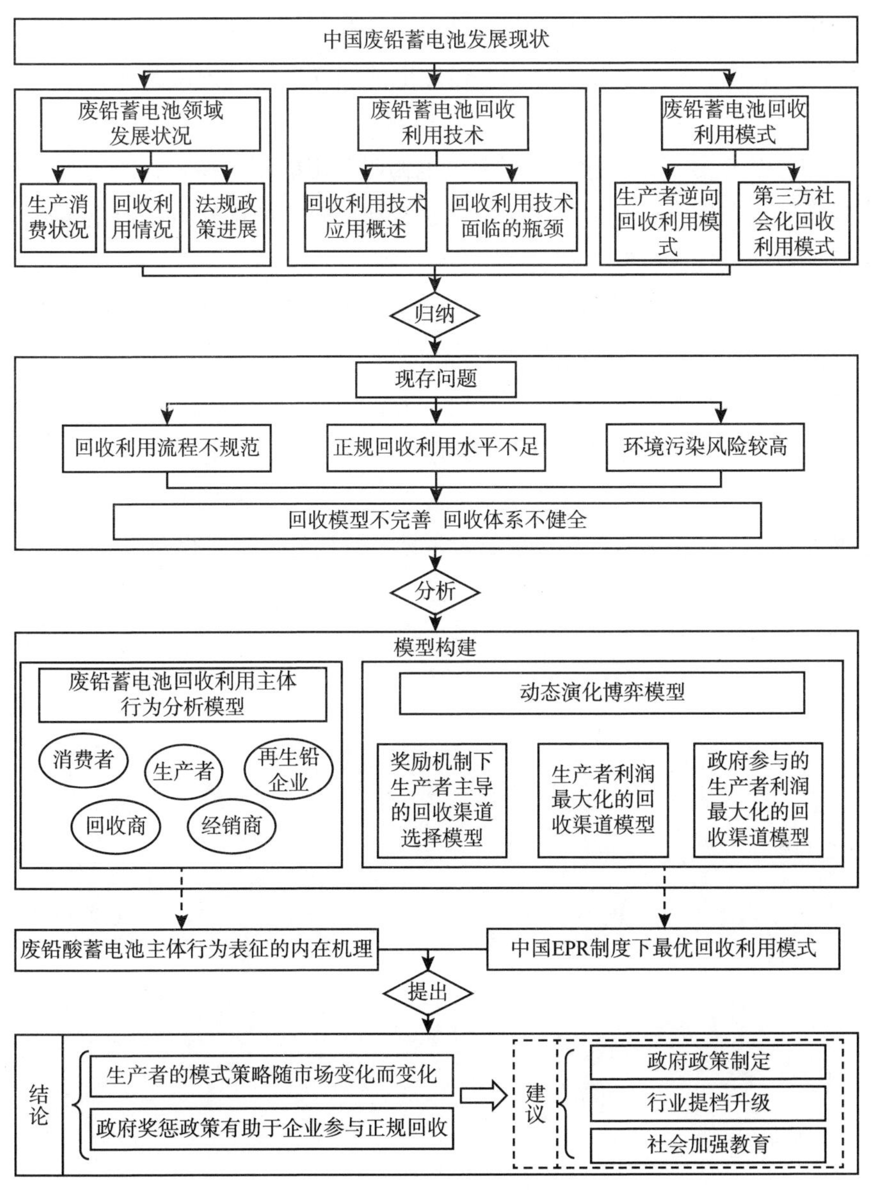

图1-1　技术路线

三、研究方法

（1）文献分析法：通过各种渠道收集相关资料，包括政策文件、著作、网上论文资料等，对其进行归纳、整理和分析，全面准确地了解了国内外废铅蓄电池回收利用模式、废铅蓄电池回收主体行为以及典型的主体行为分析模型，为本书的实证研究提供基础。

（2）比较分析法：比较废铅蓄电池回收利用的不同模式，即比较生产者逆向回收利用模式与第三方社会化回收利用模式的优缺点，得出不同情境下适合的最佳回收利用模式。

（3）问卷调查法：对各废铅蓄电池回收利用各相关主体，包括消费者、经销商/维修商、回收商、再生铅企业、生产者等采用随机抽样问卷调查的方式进行调查，得到一手数据，为后续研究提供基础数据支撑。

（4）模型分析法：基于 UTAUT 理论，构建废铅蓄电池回收利用主体行为分析模型，分析影响各相关主体废铅蓄电池回收利用的主要因素；基于博弈模型，分析适合我国废铅蓄电池回收利用的最优回收利用模式。

第二章
研究综述

当前，国内外对铅蓄电池回收利用的理论与实践研究较为丰富。本章分析了国内外关于废铅蓄电池回收利用模式的研究，重点分析了决策实验室分析（Decision-making Trial and Evaluation Laboratory，以下简称 DEMATEL）、整合型科技接受模式（Unified Theory of Acceptance and Use of Technology，以下简称 UTAUT）等较为常用的行为分析模型，并对日本、美国、德国等发达国家和地区铅蓄电池回收利用的典型经验进行了分析，为全书的研究奠定基础。

第一节　废铅蓄电池回收利用理论研究

以"废铅蓄电池回收"为关键词搜索相关文献并进行可视化分析。根据课题组统计，从国内外研究来看，这一主题的发文量逐年增加（图 2－1），说明废铅蓄电池的回收利用问题受到越来越多的关注。国内研究重点集中于"回收利用/再生""回收技术""湿法回收"等回收相关内容，以及"再生铅""铅回收""废铅膏"等废铅蓄电池中铅的回收利用，还有"回收体系""现状及发展趋势"等方面（图 2－2）。梳理发现国外相关研究亦有类似的趋势。

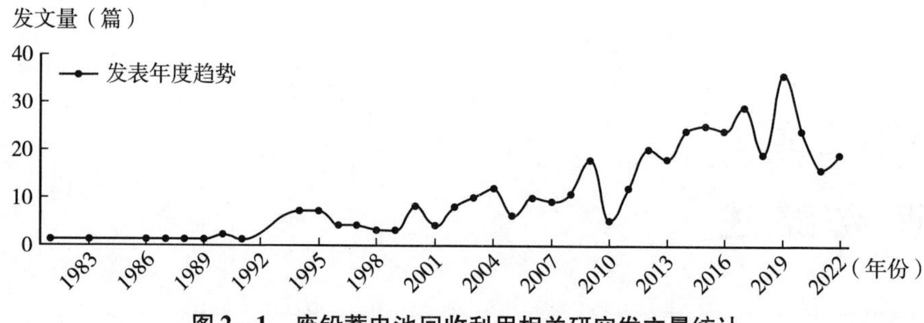

图 2－1　废铅蓄电池回收利用相关研究发文量统计

注：课题组根据知网数据统计。

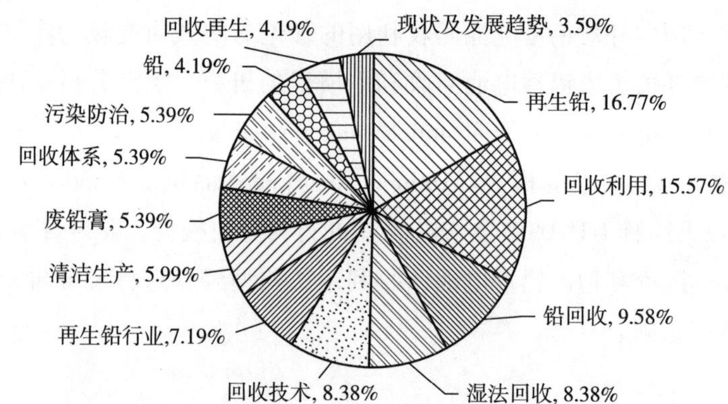

图 2－2　废铅蓄电池回收利用相关研究子主题统计

注：已将关键词及其类似主题词汇剔除。

一、废铅蓄电池回收利用模式研究

当前学术界针对废铅蓄电池回收利用的研究主要集中于回收利用现状、政策实施效果以及回收利用标准体系的构建等方面，另有较多专业领域的学者针对废铅蓄电池回收利用过程中的技术展开研究，如废电池中铅膏的回收利用、铅的提炼以及高效的拆解方法等。在现状研究和技术分析以外，更多的学者对废铅蓄电池回收利用的模式进行了研究。

（一）废铅蓄电池回收利用现状研究

1. 回收现状研究

从世界范围内来看，废弃物回收利用有三个显著特点：一是电子废弃物的回收是一种市场行为；二是在中国和印度，回收活动大多由非正规的中小型企业所垄断，而南非则大多采取正规渠道；三是每个国家都在不断改进政策以克服现有体系的缺陷（Rolf Widmer et al.，2005）。另有研究借助文献地图法以理清 EPR 政策的演进规律，基于研究结论提出基于区域需求和能力的政策制定建议（Filippo Corsini et al.，2015）。尽管印度在 EPR 原则之上建立了完善的押金制（Deposit Refund System，DRS），但由于存在大量的非正规回收组织和缺乏监管等问题，导致印度废铅蓄电池回收系统的低效。研究表明，正规回收和非正规回收相结合的模式是当前的最优解（Gupt，Yamini 和 Sahay，Samraj，2015）。葡萄牙的废电池回收在数量和质量上均成效较好，但长期来看在财政、信息和监管方面仍有较大的进步空间（Niza，S et al.，2014）；当前韩国废铅蓄电池的回收利用存在直接丢弃现象严重、分类及破碎方法落后等问题（Kim，H. et al.，2018）。

从国内研究进展情况来看，台湾地区实行的是回收基金管理委员会制度，生产者只需要支付预收处理费用（Lin，S. S. and Chiu，K. H.，2015）。拜冰阳等（2015）、李思航（2017）从废铅蓄电池回收现状、再利用现状以及法律法规等方面分析了我国废铅蓄电池的回收处理现状。何艺等（2020）基于我国机动车、电动自行车、通信基站等保有量数量，对废铅蓄电池产生量及区域分布情况进行估计，为废铅蓄电池规范收集处理体系的建立提供参考。蔡洪英等（2021）以重庆市为例，对其废铅蓄电池管理现状和存在问题进行分析，并从完善法律制度、落实生产者延伸责任、加强业务培训和专业指导及完善信息系统等方面提出未来改善建议。李平等（2019）通过调查对广西铅蓄电池的回收利用现状进行了分析。黄进等（2021）则分析了湖南省废铅蓄电池的现状，并针对存在问题提出相应的解决方案。对于个体而言，如消费者更倾向于向外部回收工厂付费以回收处理产生的废电池（Tian，X. et al.，2015）。

2. 回收标准体系构建研究

现有研究从不同角度出发，如主体视角，对当前废电池回收活动参与主体——回收企业及回收系统进行分析，并从经济激励、立法监管等方面提出改进建议（Liu Jin-sheng et al.，2010）；标准视角，构建了电动汽车电池回收标准框架，包括评估、收集、运输、储存、拆解、梯次利用和原料回收利用等方面的标准（Yu，H. J. et al.，2013）；技术标准视角，通过系统地分析广东省废旧电池回收利用标准体系，指出当前存在的技术标准与行业发展速度不匹配，地方与国家回收标准体系未能有效衔接等问题，并提出相关建议（张学梅等，2019）；回收技术视角，分析电池组回收的难点，指出电池组拆解自动化是未来建立通用回收体系、提高回收效率的改进方向（Zhang，J. et al.，2018）；具体行业视角，提出利用智能机器人协助完成电池再利用工作，从安全高效的回收、剩余能量检测到二次利用（Zhou，L. et al.，2021）。何艺等（2018）基于山东省废铅蓄电池回收体系试点的数据，对废铅蓄电池收集和转移管理制度创新试点的有益经验和仍存在的问题分别进行总结，并提出改善建议。肖家庚（2021）针对废铅蓄电池回收利用过程中的粉碎拆解和清洁生产环节进行研究，利用层次分析法建立起清洁生产评价指标体系，为相关公司提高回收利用效率提供改善建议。

3. 回收利用技术研究

废铅蓄电池回收利用过程的第一步是拆解：现有技术手段包括以更低成本回收利用铅蓄电池的新型机械分离方法（Ricardo Bonhomme et al.，2013），改进电解质、改进反应工程和优化反应堆设计的创新方案（Sze-yin Tan et al.，2019）。铅的提取是废铅蓄电池回收利用的重点之一，较多学者围绕如何更加高效、清洁地提取废电池中的铅展开研究，如将火法与湿法冶金相结合，设计出一种环境友好并且提纯率高的回收废电池中铅的新工艺（D. Andrews et al.，2000；Ferracin，L. C. et al.，2002），以及以草酸为还原剂，利用硫酸还原酸浸法析出废铅蓄电池中铅的技术（De Michelis et al.，2007）；或针对金属回收，基于废电池中所含金属元素不同特性的废电池中金属的高效回收方法（Daniel Assumpção Bertuol et al.，2006）；或针对环保技术，有效减少铅回收的过程中烟尘泄露的四步提纯法

（M. A. Kreusch et al.，2007）。詹光和黄草明（2016）提出柠檬酸湿法浸取铅膏的新工艺，即回收 PbO 超细粉末用于电池生产。许文林等（2016）研发出废铅蓄电池铅资源化回收利用新工艺，即废铅蓄电池经过预处理得到的含 PbO、PbSO4、PbO2 的铅膏为原料，采用硝酸溶解－氨法浸取－分离精制－固液分离耦合技术分离铅膏得到 PbO、PbSO4、PbO2 产品。经典火法工艺和湿法工艺未来的发展方向集中于绿色环保和降低能耗等方面，利用固相电解法从废铅膏直接制备氧化铅是未来铅膏回收领域的主流方向（胡彪等，2019）；类似地，利用真空热分解法处理废电池中的碳酸铅也是未来趋势之一（Yong，B. et al.，2021）。

（二）废铅蓄电池回收利用模式研究

EPR（Extended Producer Responsibility）即生产者责任延伸制度，是生命周期思维在废弃物回收领域的应用（Dirk Nelen et al.，2013），即一种要求生产者负责回收处理消费者废弃的产品的政策方法（Jennifer Nash and Christopher Bosso，2013），自推出后便受到多个国家的关注和推行。

EPR 实施效果的关键在于激励，可根据“通用理论－政策制定－落地措施”三层次分析框架进行分析（Kalimo et al.，2012）。美国实施 EPR 政策体系的目的在于实现零废弃（Anthony A. Austin，2013）；而加拿大的 EPR 政策体系与美国有较大不同，包括收集责任制、财政配套政策等（Garth T. Hickle，2013）。张正洁等（2013）站在中国情境下提出三种可行的回收模式：一是经济激励下的生产企业回收模式，即通过实施押金制度，售后市场销售的铅蓄电池全部向消费者征收押金，消费者把废电池交回电池零售商后才能取回押金，同时还能抵扣部分新电池的价格；二是专业回收公司模式，即政府授权成立非营利性的专业铅蓄电池资源回收公司，对社会上的废铅蓄电池进行统一回收，消费者将废电池交到专业回收公司设立的回收站点，电池零售商、电池批发商等经营者回收的废电池也统一交由回收公司进行处理；三是生产企业与回收企业相结合的模式，即以上提到的两条途径同时进行。江森自控（Johnson Controls）的循环/闭环供应链模式，即消费者提供原材料（指废铅蓄电池）、回收中心运营、电池生产和运输，其构建循环供应链的关键在于保证体系内各主体和要素的平衡（Blanco，Edgar et al.，2014）。而余福茂等（2014）从较为广义的概念——电子废弃物出发，认为并不存在绝对最优的回收模式，生产者责任延伸下的专业处理企业回收模式可以达到相对较高的回收率。理论上，生产者责任组织（Producer Responsibility Organizations）和押金制相结合的模式效果最佳（Lin S. S. 和 Chiu K. H.，2015）。刘光富等（2016）将当前回收模式总结为生产商回收模式、销售商回收模式、第三方回收模式和处理上回收模式，从政府引导的角度出发探讨最佳回收模式，并证明在单位补贴额度一定时，处理上回收模式下的回收效果最好。沈强等（2020）利用灰色多层次综合评判模型证明了“生产企业+电池回收企业”模式是当前最优模式。焦剑等（2020）总结了现行的三种模式：一是网上竞价处理模式，即在官方平台上发布竞价公告，吸引或邀请具备资质条件的回收商参加竞价活动；二是框架协议处置模式，即通过签订年度框架协议，回收商在协议期限内按协议价格集中回收；三是循环回收处置模式，即在招标采购时提出回收要求，明确回收职责，要求供应商进行定期回收。董庆银等（2021）以华北地区作为重点研究区域，提出委托回收、联合回收和自主回收三种模式，并根据所在地区废铅蓄电池合规企业的数量、环保管理水平等条件提出适合不同地区的回收模式。

一些学者针对废铅蓄电池回收利用过程中的某些环节展开研究，如席暄等（2017）提出建立基于物联网的废铅蓄电池逆向物流回收体系，并认为以物联网和逆向物流为载体的生产者责任延伸制是解决现行废旧铅蓄电池回收体系所存在问题的有效路径。江晓玲（2019）具体针对废铅蓄电池收集和转移管理模式进行了研究，并从提高合法企业的积极性和落实责任等方面提出建议。江世雄等（2020）提出将现代技术与废铅蓄电池管理结合的模式，即利用“大云物移智”等技术实现废铅蓄电池管控的透明化，实现“事后被动管理”向“事前主动预防”的转变，从源头处促进电网企业废铅蓄电池的可持续发展；进一步地，魏俊奎等（2021）提出基于物联网技术的废铅蓄电池分类分级处置管理体系运行模式。另外，对回收模式效果评估的相关研究包括：分析废铅蓄电池回收市场上的寡头垄断现象，通过构建产品差异模型分析 EPR 的利益分配，同时指出废铅蓄电池的成本及质量是回收利用效果的重要因素（Pierre Fleckingera，Matthieu Glachant，

2010)；利用潜在聚类分析法（Latent Class Analysis，LCA）对不同政策组合进行比较分析，指出清晰的导向和责任划分、组织和政策的高效协同是影响 EPR 实施效果的重要因素（Filippo Corsini et al.，2016）。

二、废弃物回收利用模型研究

废铅蓄电池的回收利用是个复杂系统，涉及多方主体及相互关系、利益分配等，需要借助 DEMATEL、UTAUT、动态演化博弈模型、ISM 等模型揭示内在运行机制，厘清合作网络、流通链条等重点问题，进而提高现行体系下的废铅蓄电池回收利用效率或者优化现行回收利用体系。当前学界对于废弃物（如城市固体废物、建筑废弃物、电子废弃物等）的研究已较为全面，专门针对废铅蓄电池的研究相对较少，本节通过回顾废弃物回收利用模型的研究，为 DEMATEL、UTAUT 等模型在废铅蓄电池回收利用研究中的应用提供借鉴。

（一）基于主体行为分析模型的废弃物回收利用研究

1. DEMATEL

DEMATEL（Decision Making Trial and Evaluation Laboratory）方法即决策检验与评估实验室方法，被视作分析复杂因素间的因果影响关系的复杂结构模型的最佳方法之一。DEMATEL 以专家打分法的方式对指标体系中各因素之间的逻辑关系进行量化，建立相应的直接影响矩阵，常被应用于指标选择、影响因素分析等方面的研究。在废弃物回收利用领域的研究中，DEMATEL 通常用于废弃物管理方法评价、废弃物回收利用相关政策实施效果评估及其影响因素等的分析。

DEMATEL 中的专家打分环节存在较大的主观性，因此学者们通常会结合其他方法（如结构解释模型，即 Interpretive Structural Modeling，ISM，解释结构模型法；灰色系统理论等）展开研究，如基于 DEMATEL 和网络分析法（Analytic Network Process，ANP）对城市固体废弃物管理方法进行评估，并指出最好的解决方案是每个城市有适应自身发展的热过程技术和资源化设施而不是为了能够构造热过程技术和资源化设施而进入合资企业或核查项目（Ming - Lang Tseng，2009）；基于 ISM 和 DEMATEL 探讨废弃物管理政策的边界以及政策实施效果的影响因素，结果显示组织的结构性缺陷和各方主体的合作缺失是导致政策实施效果不佳的主要原因（Dos Muchangos，L. S. et al. ，2015）；基于 DEMATEL 对可持续性实践进行分析，具体针对哪些因素影响可持续性实践这一问题，指出废弃物回收点的分布是其中影响最显著的因素（Sivakumar K. et al. ，2018）；利用 DEMATEL 从碳元素管理的视角出发，分析了绿色供应链中碳管理的影响因素，研究显示影响碳元素管理的两大重要因素是供应商的选择和自身的碳元素管理能力（Chia - Wei Hsu et al. ，2011）；同样基于 DEMATEL 分析绿色供应链中供应商选择的问题（Hsu C. W. et al. ，2013）。为避免 DEMATEL 的主观性，或采用 Grey - DEMATEL（灰色决策与实验室分析法）对电子废弃物回收的制约因素进行研究，并为政府制定相关措施提供建议（王秀艳等，2016）；或结合区间值直觉模糊数、DEMATEL 和 Choquet 积分，对废弃物管理领域的多准则决策（Multi - Criteria Decision Making）问题进行研究，研究结果表明合作和协同是影响可持续性固体废弃物管理的最重要的因素（Lazim Abdullah et al. ，2019）；或结合两种模型 ISM - DEMATEL 分析印度电子废弃物管理实践的阻碍因素，指出公众回收意识的缺乏和政策的无效性是导致废弃物管理实践效果不佳的根本原因（Kumar A. ，Dixit G. ，2018）。甘俊伟等（2016）基于 DEMATEL 并从相关主体视角出发，分析政府、企业和汽车使用者对报废汽车回收利用产业发展的影响，结果显示报废汽车回收模式及逆向物流网络、国家产业政策、人才素质、法律法规等因素是影响报废汽车回收利用产业发展的关键因素；向海燕（2020）利用模糊 DEMATEL 法对电器电子企业履行生产者责任的影响因素进行研究，发现相关政策法规的完善程度、消费者参与废弃物回收的习惯、废弃电器电子产品处理基金的发放情况等均是影响企业履行回收责任的因素。

2. UTAUT

UTAUT（Unified Theory of Acceptance and Use of Technology，整合技术接受和采用模型）是在技术接受模型（TAM）理论基础上，整合社会认知理论（STC）、动机模型（MM）、PC 利用模型（MPCU）、创新扩散理论（IDT）等理论而提出来的，包括绩效期望、付出期望、社群影响和配合情况四个核心维度。当前已有一些学者将 UTAUT 应用到废弃物回收利用研究领域，如快递和外卖包装废弃物、畜禽废物等的回收。

基于 UTAUT 及 TAM 模型对 203 个中国家庭电子垃圾收集服务进行研究，结果发现影响使用网上家庭电子垃圾服务的行为意向的最重要决定因素是努力期望，而便利条件对用户使用网上家庭电子垃圾收集服务的行为没有显著影响（Gao，S. et al.，2015）。王悦晨（2016）采用实证研究的方法，通过构建 UTAUT 模型对消费者使用快递包装回收体系的意愿进行研究，并在总结国外成功实践经验的基础上，对我国构建完善可行的快递包装回收体系提出建议。王建华等（2019）利用 UTAUT 理论分析框架，结合条件价值评估法（CVM）与 Heckman（赫克曼）两阶段选择模型对畜禽废物处理进行了系统研究，指出影响养殖户补偿意愿和意愿补偿水平的关键因素，并据此提出相关政策建议。对秸秆回收而言，秸秆回收利用或还田计划的成本与效益权衡、物流与技术的便利性、信任因素对农户意愿有重要影响，尤其是信任（He，K. et al.，2020）。良好绩效期望、努力期望、社会影响和促进情景有助于提升居民使用智能设备分类回收废弃物的意愿，而年龄具有负向作用（Tian，Y. et al.，2021）。穆献中和薛莲（2022）关注到校园中的外卖包装垃圾问题，以 UTAUT 模型为分析框架，对大学生参与外卖包装物分类意愿的影响因素进行研究，并发现四个核心变量中，只有社会影响对大学生分类意愿无显著影响，绩效期望等其他三个变量均存在显著正向影响，同时还存在部分中介效应。

3. 其他模型

除上述模型外，ISM 和 TOPSIS 模型也常被应用于废弃物回收利用的研究中。

ISM（Interpretative Structural Modeling Method，解释结构模型法）源于结构建模，是一种使用广泛的系统科学方法，其核心优势在于通过将系统拆分成子系统，分析要素及要素间的相互关系，进而揭示系统的内在结构及作用路径。废弃物回收利用系统涉及整个社会范围，广泛性和复杂程度高，可以利用 ISM 模型将其拆解为若干个子系统，进而展开相关研究，如城市废弃物填埋社区消除障碍（Shankar Chandramowli et al.，2011）、含 18 个准则的城市废弃物管理模型（Ming - Lang Tseng 和 Y. H. Lin，2011）等。

一项针对农业废弃物回收利用效率的研究发现，在调整资源输入的情况下，农民的行为会在调整前后出现明显的差异，同时环境及其他随机变量对农民行为产生较大的影响，进而降低其回收意愿（Geng，X. Y.，2020）。

TOPSIS（Technique for Order Preference by Similarity to an Ideal Solution，优劣解距离法）是一种根据评价对象与理想化目标的接近程度进行排序的综合评价方法，其突出优势是能够充分利用原始数据的信息，从多维度全面反映不同方案或模型间的差距。由于废弃物回收利用需要综合考虑经济、环境和社会三个方面，TOPSIS 也常被学者们应用到相关研究中。如应用 TOPSIS 和 VIKOR（多准则妥协解排序方法）方法探寻最佳的固体废弃物的管理方法，在分析 11 个固废处理模型之后，发现 18.1% 的填埋、3.1% 的 RDF（Refuse Derived Fuel）、2% 的需氧堆肥、40.4% 的厌氧消化和 36.4% 的回收处理是最佳的比例（M. Aghajani Mir et al.，2016）；结合 TOPSIS、PROMETHEE（Preference Ranking Organization Method for Enrichment Evaluations，偏好排序组织方式）和模糊 TOPSIS 对 10 种废弃物处置方式进行评估，并且证明当前的处置方式是最佳的，有序储存和焚烧处理是除此之外应用最广泛的方式（Arikan E. et al.，2017；Coban A. et al.，2018）；基于 TOPSIS 和 ELECTRE（淘汰选择法）对东莞市的生活垃圾分类问题进行研究，研究结果显示从源头将生活垃圾分为厨余垃圾和其他垃圾是当前的最佳方案（王昊，2015）；利用模糊 TOPSIS 和系统动力学设计模型，并基于 1999 年到 2014 年的固体废弃物数据，对固体废弃物管理规划及政策进行了预测（Estay – Ossandon C. et al.，2018）；利用模糊多准则决策模型（Interval – Valued Fuzzy Multi – Criteria Decision Making Method）对当前常见的填埋、厌氧处理、焚烧和汽化四种固废处置方式进行评估排序，并据此提出政策建议（Wang Z. et al.；2018）；从环境、经济和社会三个维度出发，利用 TOPSIS 对土耳其的地质数据进行分析以确定适合固体废弃物填埋的地区，研究结果表明 Kayapa（卡亚帕）区是最合适的堆填区（Yildirim V. et al.，2018）；利用 Fuzzy – TOPSIS（模糊优劣解距离法）模型构建综合评价体系，对报废汽车逆向供应链的三种不同的回收模式进行评价分析，指出第三方企业回收模式更适合中国当前报废汽车回收利用产业的发展（万凤娇，2019）；结合 TOPSIS 与 EWM（熵权法）两个模型，通过邀请专家给不同运作模式打分的方式，研究建筑企业选择逆向物流模式的可行性（刘道任等，2021）。

（二）基于演化博弈模型的废弃物回收利用研究

演化博弈理论源于对动物和植物冲突与合作行为的分析，由史密斯（Smith）和普赖斯（Price）提出，是将博弈理论分析和动态演化过程相结合的一种理论模型，强调的是动态的均衡。废弃物的回收利用涉及的主体，或个人或组织，其利益诉求、主体行为等都处于不断变化之中，利用动态博弈模型分析整体系统并寻求最优解，是当前学者们采用较多的方法。

从理论层面出发，构建废弃物管理的博弈模型，假设所分析的地区都有一定的废弃物存量，并且不会产生额外的废弃物以及废弃物不会自行消亡，在此情况下具有两个外部性：一是战略外部性，二是库存外部性。此外跨期合作可以持续进行（Jorgensen S.，2010）。从经济补偿的思路出发，分析电子废弃物回收企业经济补偿机制，并且指出改革政策的推行方式，即完善以经济补偿机制为基础的系统补偿机制，该补偿机制涉及生产商、消费者、政府等相关主体，可利用回收利用扶助资金、转化后的资源收益、财政征收的税费共同构成电子废弃物回收企业的经济补偿来源（孙明波，张世勋，2012）。从合作博弈角度出发，从废弃物收集成本和处置成本角度构建模型，以分析工业区废弃物回收过程中制造商与资源回收公司之间的合作博弈关系以及政府在回收合作机制中发挥的重要作用，结果显示制造商自我处置成本与委托处置成本之差、资源回收公司的废弃物回收成本与处置成本之差以及政府补贴是决定双方是否合作的关键因素（Jia Shu Li，Hou Ming Fan，2013）；在“互联网 + 回收”的情境下，构建网络回收商和流动回收小贩间竞合关系的演化博弈模型，并指出网络回收商和流动回收商小贩选择合作策略的概率与违约惩罚力度、合作后的超额收益正相关，与合作后的共同成本、单独选择合作策略付出的成本以及因搭便车行为增加的收益负相关（许民利等，2018）；通过构建政府、驿站和消费者三方博弈模型，对快递包装废弃物回收利用进行研究，结果显示政府是快递包装废弃物回收活动进行的关键，驿站是核心，消费者的主动参与是基础，并据此对不同参与主体提出建议（刁玉宇和郭志达，2021）；类似地，李磊等（2019）对欠发达城市快递包装废弃物的回收进行研究。陈伟等（2019）的研究针对政府、废弃物生产企业与资源化处理企业的利益关系与决策行为，通过构建模型并结合三维空间内动态相位图，得出四种演化稳定策略。王海滋等（2021）着眼于建筑废弃物，基于演化博弈论对建筑废弃物资源化利用工作进行研究，构建“政府—建材厂商”“政府—建筑施工企业”的演化博弈模型，得出博弈的帕累托最优策略。杨苏和姚丽春（2021）从消费视角出发，通过构建政府和建筑企业的演化博弈模型以分析不同策略对各主体选择及行为的影响，结果显示唯一的演化稳定策略是建筑企业使用建筑废弃物回收利用产品的最终收益高于其使用传统建筑材料所获得的收益。陈佳智和杨高升（2020）则从社会监督的视角出发，构建建筑施工单位和监管部门间的演化博弈模型，研究结果表明社会监督不存在或水平较低时，系统不存在演化稳定策略；在监管部门缺少必要奖惩激励的情况下，可能出现治理失效的情况；社会监督水平的提高有利于抑制违法填埋行为，减少监管部门监管成本；当社会监管达到较高水平时，举报曝光的概率大于违法处理废弃物节省成本与风险成本的比值，企业会自发趋向于合规处理策略。涉及多方博弈的研究包括将政府监管和社会监管同时加入到博弈模型中进行分析，并引入经济效率因子进行风险策略的分析，揭示政府监督和社会监督对废弃物回收企业的内在影响机制（Huilin Chen et al.，2021）；构建互联网平台与电子垃圾回收企业的信号博弈模型，通过对分离均衡、混合均衡和准分离均衡的博弈模型分析，揭示了平台与电子垃圾回收企业之间的内在运行机制，并认为分离均衡化可以实现电子垃圾的回收再利用（Xuehua Ji，2021）；利用动态博弈模型对垃圾分类问题进行研究，通过构建管理者（政府）—生产者（生产企业）—消费者（居民）的三方博弈模型，找出最优策略以指导废弃物管理实践（Xiaoqing She et al.，2021）；构建模型研究最优分类和垃圾处理服务价格之间的均衡关系，分析垃圾分类服务价格与投资动机之间的关系，并根据不同参与主体的特点开发不同的应用场景，指出垃圾供应链在一体化管理结构下具有更高的利润，减少所需的投资会促使供应链参与者在源头选择更高级别的废物分类方案（Ghalehkhondabi I. and Maihami R.，2020）；基于演化博弈论，从供应端的视角探究电池的 EPR 回收机制，并指出动态奖惩机制有助于提升废电池的回收效果，生产商的回收成本和收集点的回收价格也极大地影响供应端主体的参与积极性（He L. and Sun B. Z. , 2022）。

第二节　废铅蓄电池回收利用相关国外实践研究

发达国家在废铅蓄电池的回收利用方面开展实践较早。一些国家建立了相对健全的法律法规体系，形成了电池生产企业、用户、回收商、再生工厂共同组成的“闭路”循环，各方责任明确、奖罚分明，采用多种经济手段约束（或激励）循环体系内各相关方，尤其在回收环节做出明确限制，以促进废铅蓄电池的回收利用。

一、日本：生产者承担回收利用主体责任

（一）简介

在亚洲，日本是最早推行生产者责任延伸制度的国家。随着日本经济的快速发展，其环境也在不断恶化。20 世纪五六十年代，日本生态环境污染十分严重，世界八大公害中有四个都发生在日本，[①] 这引起了人们的反思与社会的重点关注。1995 年，在面对废弃物过量的压力下，日本政府借鉴其他国家实施 EPR 制度的经验，颁布了日本《容器和包装分类收集和循环利用促进法》（简称《包装循环利用法》）[②]，这是日本第一个有关于废铅蓄电池回收利用的法律。该法要求居民分类投放废弃铅蓄电池，由市町政府负责回收，再由生产企业负责对分类收集后的废弃铅蓄电池进行循环利用，生产企业也有义务在产品包装上印上制造材料和循环利用的标识。

日本《包装循环利用法》的颁布和实施，从客观上促进了《特定废物

① 20 世纪环境污染八大公害事件［EB/OL］. 分析测试百科网，https：//www. antpedia. com/news/62/n－1280862. html.

② 容器包装リサイクル法とは［EB/OL］. 日本环境省，https：//www. env. go. jp/recycle/yoki/a_1_recycle/index. html.

循环利用法》的出台，这是日本第二部以 EPR 为指导原则的法律。废铅蓄电池问题是和经济发展水平密切相关的，经济发展水平越高的国家或地区，电子设备数量越大，种类越多，电子设备更新换代的速度越快，消费者淘汰的频率也更高，相应的废铅蓄电池产生的数量也越多。20 世纪末，很多发达国家都认识到了废铅蓄电池处置问题的严重性，日本也一样，尽管废铅蓄电池数量猛增，但产生的废铅蓄电池并没有得到适当的循环利用与处置。在此背景下，日本国际贸易和产业部（Ministry of International Trade and Industry，简称 MITI）下设的产业结构委员会（Industry Structure Council）建议颁布一部以 EPR 原则为指导的法律来应对废铅蓄电池问题。经过一年的讨论，日本于 1998 年 6 月出台了《特定废物循环利用法》。2001 年 4 月该法正式实施，规定了消费者要将废铅蓄电池送还给零售商或者政府指定的回收机构，并向回收机构支付处理费用，回收机构负责将收集的废铅蓄电池运送给生产者进行处置。同时法律还禁止对废铅蓄电池拆解材料进行填埋或出口，主要通过对废铅蓄电池的科学处理与高效回收利用，来实现废铅蓄电池的减少和资源有效利用①。

在废铅蓄电池回收利用实际运转中，回收处理费主要由生产者承担，由铅蓄电池回收再利用促进中心统一对生产者进行征收，并对回收的废铅蓄电池进行统一保管。针对缴纳过回收处理费的生产者，铅蓄电池回收再利用促进中心会采取预付款和凭证式方式，发放铅蓄电池回收处理券，作为已缴纳回收处理费的证明。回收处理券随铅蓄电池有偿转让，有效防止费用拖欠。在废铅蓄电池完成回收处理程序后，铅蓄电池的生产商向铅蓄电池回收再利用促进中心提取消费者交回的废铅蓄电池，经再生利用企业拆解利用后，会向铅蓄电池回收再利用促进中心报告相关情况，凭已处理证明，从铅蓄电池回收再利用促进中心处领取处理费用，如图 2 - 3 所示。

在整个废铅蓄电池的回收拆解过程中，通过统一管理的方式，各废铅蓄电池处理单位向日本铅蓄电池回收利用促进中心发送接收、转移的信息报告。中心核实铅蓄电池处理完成后，生产者可以到国税厅提出退税申

① 日本电子废弃物回收处理管理体系及借鉴［EB/OL］. 环境杂志网，http：//www. zhhjw. org/m/view. php？aid = 7082.

请，并且政府会对再生利用企业进行补贴。日本采用的这种管理方式，使铅蓄电池从销售到处理的各参与者均有责任分担，使整个过程更透明、合理，使处理费及时到位，有利于行业的规范发展。

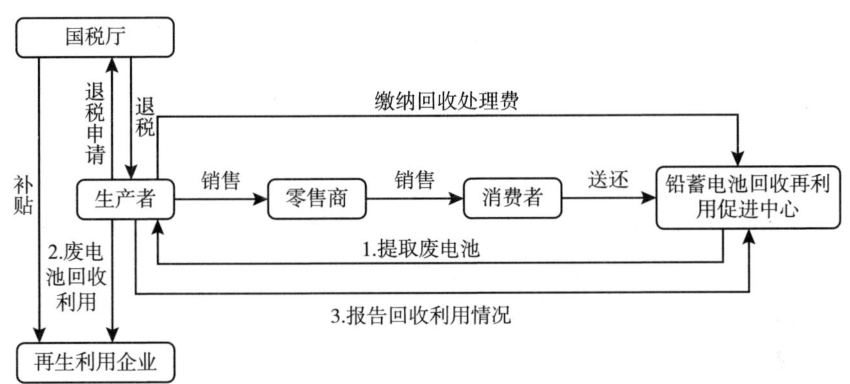

图 2－3　日本铅蓄电池回收利用模式

（二）实施效果

日本回收处理废铅蓄电池的实践一直走在世界前列，在《包装循环利用法》《特定废物循环利用法》的推动下，有很多自发成立的民间组织积极参与到废铅蓄电池回收处理的各个环节。自 1994 年开始，新神户、古川电池和松下等公司采取逆向物流的方式回收废铅蓄电池，取得了良好效果。近年来，丰田汽车公司等汽车公司也通过自主回收模式回收汽车用铅蓄电池，日本汽车用铅蓄电池根据日本电池生产企业的要求，销售及更换车用电池的汽车专营店、经销店、加油站等应直接从用户手中回收废铅蓄电池，回收企业和电池批发商将废铅蓄电池运送到废电池拆解商处进行分类拆解。丰田公司为鼓励消费者将新能源汽车废电池交换给经销商，设立了相应的资金奖励措施，当消费者将电池返还给经销商时，其可获得 100 美元的现金返还，或是 500 美元的新电池购买抵扣①。在丰田等日本生产企业的不断努力下，日本已经基本实现废铅蓄电池收集处理的产业化。通

① 丰田公司官网，https：//www. toyota. com. au/electrified/hybrid/battery－recycling.

过国家建立的公益性废电池回收企业，零售环节废铅蓄电池收集率接近100%[①]，在 EPR 原则的指导下对于废铅蓄电池处理进行了有效的回收与循环利用，取得了良好的资源与环境效益。

二、美国：建立废蓄电池押金返还制度

（一）简介

美国政府规定了电池生产企业承担电池回收的主要责任，利用联邦法规、州法规、管理计划等对铅蓄电池制造与回收进行规范，促使消费者主动上交废旧电池产品，建立起较为完善的废旧电池押金返还制度。其中，涉及电池回收管理的联邦法规主要有：普通废物垃圾管理办法（UWR）、资源保护回收法案、清洁空气法、清洁水法、超级基金法、劳动健康安全法等。美国联邦政府于 1996 年颁布的《含汞和可充电电池管理法案》（也称联邦电池法）对电池的有害物质含量要求、标识要求和回收再利用要求等做出了详细规定，其中规定禁止销售和使用含汞的碱锰电池（碱锰纽扣电池含汞不超过 0.025%）和碳锌电池，转而生产易于回收处置的镍镉和铅蓄电池等，且需对该类电池进行高效回收、处置和再生利用。

在地方，各市则会按照州法规的规定制定相应的电池利用法规，以减轻废旧铅蓄电池的生态环境危害。如纽约州的法律规定，消费者禁止把废铅蓄电池与其他固体废弃物一同丢弃或处理，而必须将废铅蓄电池送回销售相同规格和型号电池的零售商处；电池零售商必须在营业时间内的任何时间接受消费者交还的废旧铅蓄电池，且每天可以从任何一位消费者处回收多达 10 个废电池，零售商还有义务在店门口明确标示该店回收废旧电池；电池生产厂商有责任安排零售商进行废旧电池的回收、开展废电池循环处理、教育市民废铅蓄电池回收方式等工作。综合来看，美国绝大部分州都采用美国国际电池协会（Battery Council International，BCI）建议的电

① 发达国家和地区废铅蓄电池回收利用情况［EB/OL］. 电池环保中心网，https：//www.batterycenter.org.cn/article/1013628.html.

池回收法规（BCI Model Legislation），覆盖了大约 90% 的美国人口，该法规规定了明确的废铅蓄电池回收利用要求，实施废旧电池押金返还制度，根据该制度消费者应将废旧铅蓄电池交给零售商、批发商或者再生铅冶炼企业，禁止自行处理废旧电池。零售商应把从消费者手中回收的电池交给批发商或者再生铅冶炼企业。零售商在销售电池时，如果顾客提供已使用的废旧电池，应该提供相同型号且数量不少于新购买电池数的旧电池。零售商在售出一个车型的可替代铅蓄电池时，如果顾客当时没有提供废旧电池，则顾客需交至少 10 美元的押金，顾客在 30 日之内归还已使用的相同型号的蓄电池时押金将会被退还。如果顾客在购买之日起 30 日内没有退还已使用的汽车用铅蓄电池，那么押金将归零售商所有。铅蓄电池批发商在交易时，如果已使用的蓄电池由顾客提供，那么顾客要用基本相同的型号、不少于购买的新电池的数量来交换。与零售商交易时，零售商要在 90 天内将收集的蓄电池交给批发商。政府会对零售商、批发商的行为是否符合上述规定进行检查，违反规定的将受到罚款等相应处罚①，如图 2－4 所示。

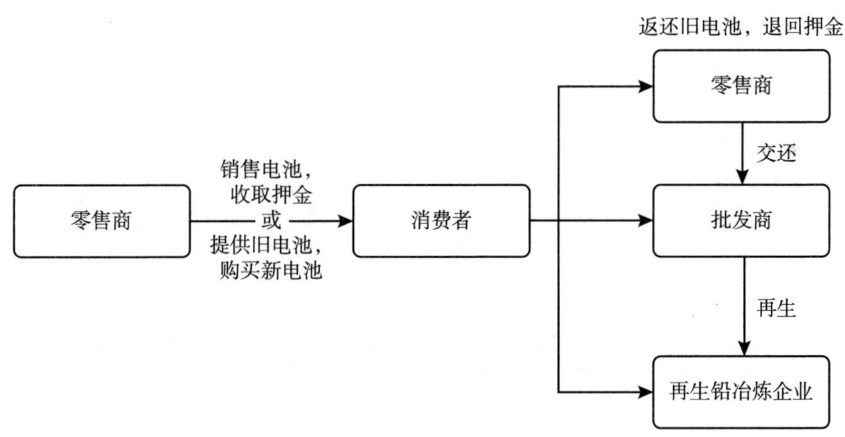

图 2－4　美国废旧电池押金返还制度

（二）实施效果

1994 年成立的美国可充电电池回收公司（Rechargeable Battery Recy-

① 美国国际电池协会（BCI）官网，https：//batterycouncil. org/page/State_Recycling_Laws#。

cling Corporation，RBRC）[①] 发起的 Call2Recyle 项目，致力于在全国境内回收废旧电池，该项目通过零售商回收、社区回收以及公司企业和公共部门回收等方式收集、运输及重新利用废旧电池，其中也包含废铅蓄电池。该项目与众多企业和市政当局开展合作，加入其中的生产企业需执行管理者计划（steward program），并提供一定资金来履行产品回收处理等生产者责任。项目对加盟的电池零售商和其他回收点免费提供电池回收箱和回收桶，并为其支付废电池运送和回收的费用，以便把收集的废电池运输到废电池处理中心。

截至 2017 年底，Call2Recyle 项目累计回收 14400 万磅（6500 万千克）的废电池，超过 86% 的美国和加拿大居民在居住区 10 英里（15 千米）以内的地方可以找到 Call2Recycle 的废电池回收点[②]。截至 2018 年底，Call2Recycle 在美国各州共建立了超过 16000 个废电池集中回收中心，共回收电池约 720 万磅，其中铅蓄电池回收量超过 125 万磅，回收情况如图 2－5 所示[③]。而且，Call2Recycle 通过网站信息服务来帮消费者提供免费的废弃电

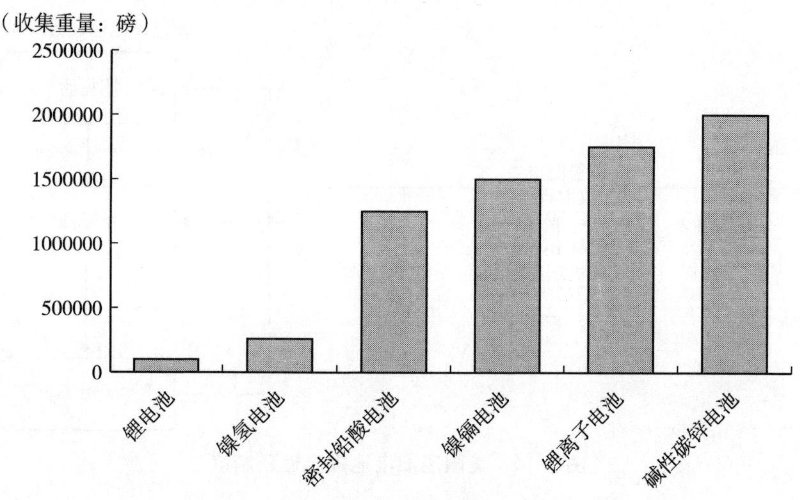

图 2－5　美国废旧电池回收量（2018 年）

---

① 该公司在 2013 年正式更名为 Call2Recycle，Inc。

② Call2Recycle 官网，https：//www. call2recycle. org/。

③ Call2Recycle. 2018 Annual Report：Charging Forward，Influencing Positive Change ［EB/OL］. 2019. 07. 23.

池回收服务。与此同时，为提高全民对废旧电池回收知识的了解，普及环保知识，增强环境安全意识，Call2Recycle 还在 2018 年举办了 6 次综合性宣传活动，为促进废电池的回收利用发挥了很好的普及和引导作用。

三、德国：建立完善的回收利用法律制度

（一）简介

德国废电池回收立法的特点是法律层级高、立法完备详尽、尽可能回收利用废电池、采取多元主体回收模式、努力调动义务人积极配合。德国废铅蓄电池的回收利用依托该法律形成了较为完善的废电池回收利用体系。

早在 1998 年，德国联邦政府就开始强制性执行废电池回收处理法规，1998 年 4 月，德国根据欧盟指令颁布了《废电池法规命令》①，要求所有的电池生产厂家必须对他们的产品承担全部回收责任。因此需要一个新建的回收体系，而这个体系要在与废物的回收利用原则保持一致的情况下，使用新的废电池投放方法。出售电池的柜台必须提供废电池投放设施，且应建立公共废物回收服务网络以免费的方式收集废电池。各类设施上的电池也应当被零售商和公共废物回收服务网点免费收集。消费者必须将所有类型的电池（无论型号、生产厂家和出售商）全部交给回收部门。新的电池法令对所有的设施电池、汽车电池提供了一个共同的回收系统，相关的制造者对他们的产品承担责任。

2009 年，德国联邦议会又提高了立法层级，制定了《关于电池与蓄电池流通、回收与兼容环境地清除的法律》（简称《电池法》）②。欧洲指令 2006/66/EC，进一步要求生产者投放市场、收回电池和蓄电池的无害化处

---

① 什么是电池指令和德国电池法（BattG）［EB/OL］. https：//www. sohu. com/a/437583608_120311779.

② Die Richtlinie wurde zum，Europäische Richtlinie zu Batterien und Akkumulatoren，https：//www. bmuv. de/themen/wasser – ressourcen – abfall/kreislaufwirtschaft/abfallarten – abfallstroeme/altbatterien/europaeische – richtlinie – zu – batterien – und – akkumulatoren.

理，其目的是提高电池回收率，要求电池制造商、分销商或进口商为电池处置费用做出贡献（产品责任或收回及处置电池的责任），在具体方式上可以采取“联合回收”的模式。《电池法》明确规定铅蓄电池生产者必须提前登记并通过履行回收义务确保旧电池能够回收，方可将电池投入流通。即生产者有义务在将电池投入市场流通前，通过互联网向联邦环保部门以电子方式登记生产者的名称、地址、联系方式、商业登记情况、拟投入流通的电池等，并有义务无偿接收消费者交回的废电池。为履行上述义务，家用电池的生产者设置共同的、非营利、无遗漏运转的家用电池回收系统，任何加入的生产者有义务应请求向联合回收系统告知自己前一年度投入流通的各种电池数量，自己所接收、利用、清除的各种废电池数量，以及利用和清除在质上和量上的结果。销售者有义务在其营业场所及附近无偿接收最终使用者的废电池。销售者在向铅蓄电池使用者交付电池时，有义务对电池收取押金，押金在交还旧电池时退还。铅蓄电池的最终使用者应当将废电池置于单独的容器中，通过联合回收系统进行收集，如图2－6所示。

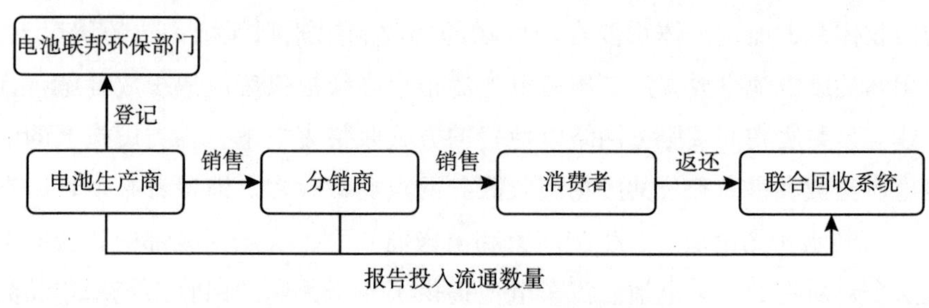

图2－6　德国废旧电池联合回收机制

2020年5月20日，德国政府批准了新电池法法案[①]，进一步扩大制造商对他们投放市场的电池和蓄电池的责任，涵盖其整个生命周期。要求电池和蓄电池的制造商，分销商或进口商承担处理这些电池的费用（其产品的责任以及收回和处置这些产品的责任）。公司有义务收回投放市场的电

① 商务部．欧盟新电池法重大变革：欧盟发布新电池法草案［EB/OL］. http：//chinawto.mofcom. gov. cn/article/jsbl/zszc/202103/20210303045064. shtml.

池和蓄电池，并按照特定的环境标准进行处理。法规要求，在将电池投放德国市场之前，生产商和某些情况下的分销商有义务通知欧盟电池系统。

（二）实施效果

在较为完善的法制基础之上，德国于1998年建立了联合回收系统（GRS），自1998年以来，联合回收系统中的生产者联盟在废铅蓄电池回收利用中起到了重要作用。

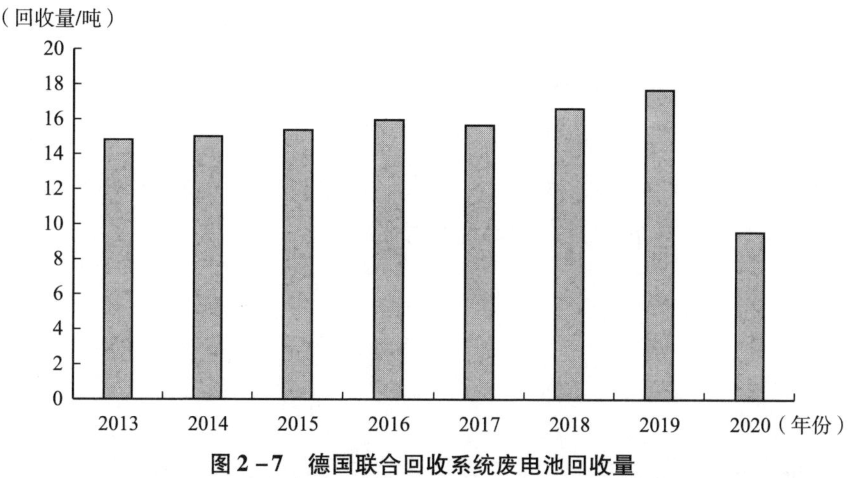

图2-7 德国联合回收系统废电池回收量

资料来源：GRS Batterien：Erfolgskontrollegemäß §15（1）Batteriegesetz（2020）.

截至2020年，共有4400家电池生产商、销售商加入该系统，共同承担定期回收废电池的责任。这些电池生产商、销售商在2020年共将20.493吨电池投入流通，其中铅蓄电池占4.9%。而联合回收系统在2020年通过数十万个回收点，共回收了9.557吨废电池，这远低于前几年废电池的回收量，主要原因是2020年恶劣的成本竞争，如图2-7所示。依托于此系统，德国的废铅蓄电池的回收利用效果也比较显著，废铅蓄电池回收率超过90%①。

---

① 铅蓄电池行业及再生铅行业固体废物环境管理战略研究报告.

第三章

我国铅蓄电池行业发展概况

我国作为铅蓄电池的生产和消费大国，每年生产消费上亿千伏安时的铅蓄电池，年均废铅蓄电池产生量高达数百万吨，但进入正规回收企业的比例却不足30%①。加快推行生产者责任延伸制度对规范废旧铅蓄电池回收利用，防止二次污染具有重要现实意义。

第一节　铅蓄电池的定义及特点

本章对我国铅蓄电池行业的发展现状进行概述，首先需明确“铅蓄电池”的内涵，本节从铅蓄电池的构成、分类及其具有的高价值高污染的二元特性出发，对铅蓄电池的涵义进行说明。

一、铅蓄电池的定义及分类

铅蓄电池是以铅和酸作为化学反应物质制成的蓄电池。具体来讲，铅蓄电池一般由正极板、负极板、隔板、电解槽、电解液和接线端子等部分组成，其中电极的主要成分是铅，电解液是硫酸溶液。铅蓄电池是一种直流电源，即充电时将电能转变成化学能，放电时将储存的化学能转变成电

① 经参调查|每年数百万吨废旧铅蓄电池流入“地下产业链”［EB/OL］. 经济参考报，https：//mp. weixin. qq. com/s/YOiJbvOz3HuBc77dDprF－Q.

能。在放电状态下，正极主要成分为二氧化铅，负极主要成分为铅；充电状态下，正负极的主要成分均为硫酸铅。

铅蓄电池的生产使用已有近160年的历史，目前被广泛应用于交通运输、通讯、电力、铁路、矿山、港口、国防、计算机、科研等国民经济重要领域。

铅蓄电池主要分为启动用铅蓄电池、蓄电池车用铅蓄电池、电讯用铅蓄电池、铁路客车用铅蓄电池、固定用敞口式铅蓄电池和摩托车用铅蓄电池六大类（如表3－1所示）。

表3－1　铅蓄电池的分类

类型	定义
起动用铅蓄电池	主要用于启动活塞发动机的汽车用铅蓄电池和摩托车用铅蓄电池。起动用铅蓄电池规格很多，可分6伏和12伏两种，适于各型公共汽车、载重卡车、吉普车、轿车以及拖拉机、船舶等，用于内燃机发动的车辆点火起动和照明之用。这种蓄电池组多采用涂膏式极板，蓄电池的容器一般为硬质橡胶槽及塑料、合成树脂槽等
车用铅蓄电池	适用于各种蓄电池车、矿山电机车、内燃机车及海港起重机、船舶等的动力和牵引电源，这种蓄电池的正极板目前多采用玻璃纤维管式极板，故电池的使用寿命较长，单体蓄电池的容器为硬质橡胶槽
电讯用铅蓄电池	供电讯、电话及各式交换台、实验室等使用的备用电源，蓄电池组的额定电压有6伏和12伏，蓄电池容器为玻璃槽和塑料槽
铁路客车用铅蓄电池	供铁路客车，列车的照明等电气设备用的电源，也可供作内燃机车的牵引动力电源。蓄电池的正极板系玻璃纤维管式极板，容器为硬质橡胶槽
固定用敞口式铅蓄电池	容量可从12安培小时至2000安培小时，正极板有玻璃纤维管式、形成式两种，故寿命很长（半形成式，涂膏式甚至形成式都逐渐被管式所代替），容器为玻璃槽和衬铅的木槽两种。这类蓄电池作为发电厂、变电站、矿山等的电气设备控制，及作为有线通讯、无线通讯、电话、照明等的直流电源
摩托车用铅蓄电池	供摩托车点火起动和照明的电源，由于使用场景要求这类蓄电池具有坚固、耐震、不漏电液的特点，容器为硬质橡胶槽和塑料槽

铅蓄电池是迄今为止应用历史最长、技术最成熟、成本最低廉的蓄电池，其放电时电动势较稳定、工作电压平稳、使用温度及使用电流范围

宽、能充放电数百个循环、贮存性能好、造价较低，已实现大规模的商业化应用，但也有一定的缺点。它能量密度低，循环寿命低，存在一定的重金属污染风险，在新技术、新材料的研发方面仍有很大提升空间。尽管如此，铅蓄电池由于其生产技术成熟、价格便宜、安全性高等特点，在未来较长时间仍将普遍使用，特别是在起动和大型储能等应用领域，尚难以被其他新型电池替代（见表3－2）。

表3－2　铅蓄电池的优缺点

优点	技术成熟。自1859年铅电池被发明，至今已有160多年的历史，其间铅蓄电池制造技术逐渐成熟，各种用途的铅蓄电池陆续出现。20世纪80年代，密封阀控电池、准双极性引擎启动电池投入应用。90年代，电动车电池、双极性电池开始进入工业应用。进入21世纪后，铅碳电池、富液式电池、阀控式密封铅蓄电池和双极性电池陆续问世
	使用广泛。铅蓄电池因其原料丰富、制造工艺成熟、成品价格低廉、性能安全可靠等显著优势，在通信、交通、电力等各个领域内都得到广泛应用。目前，在汽车起动、电动助力车、通信基站、工业叉车等诸多领域，铅蓄电池始终占据行业主导地位。与目前已实用化的其他电化学电池，如镍氢电池、锂离子电池、锂聚合物电池等相比，铅蓄电池在市场竞争中优势较大，在二次电源中已占有80%以上的市场份额，在交通、通信、电力、军事、航海、航空和航天各个经济领域，铅蓄电池都起着重要作用
	成本低廉。铅蓄电池是最廉价的二次电池，单位能量的价格是锂离子电池或氢镍电池的1/3左右。此外，铅蓄电池的主要成分为铅和铅的化合物，铅含量高达电池总质量的60%以上，废旧电池的残值较高，回收价格超过新电池的30%，因此铅蓄电池的综合成本更低
缺点	能量密度偏低。传统的铅蓄电池质量和体积能量密度偏低，能量密度只有锂离子电池的1/3左右，氢镍电池的1/2左右，并且体积较大，不适宜在质量轻、体积小的场景使用
	循环寿命偏短。传统铅蓄电池循环寿命较短，理论循环次数为锂离子电池1/3左右
	存在污染风险。铅是铅蓄电池的主要原材料，铅占电池质量的60%以上，全球铅蓄电池的用铅量占总用铅量的80%以上。铅为重金属，铅蓄电池制造产业链（包括原生铅冶炼、电池制造、电池回收、再生铅冶炼）存在较高的铅污染风险，管理不善会对环境造成污染并对人体健康产生危害

二、高价值性与高污染性的二元特性

生活中的大多数产品在生命周期结束、进入废弃阶段后，都会兼具经济价值和环境危害的特性，即资源性和环境性的二元特征。如图 3 – 1 所示，不同产品在废弃阶段的经济价值和环境危害存在着较大的差距。

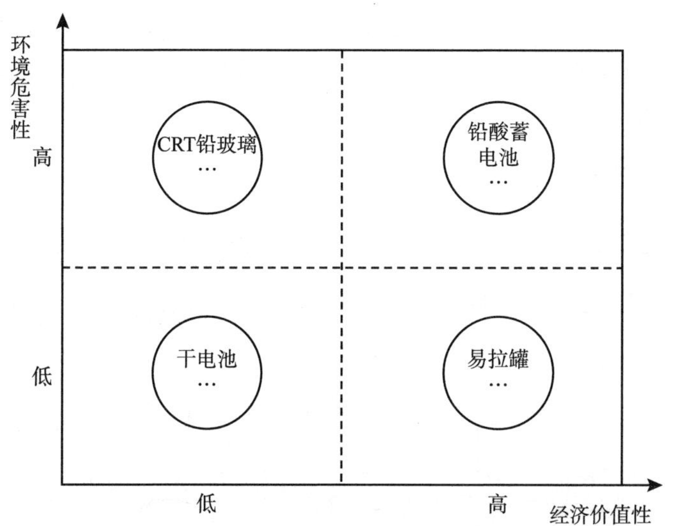

图 3 – 1　典型产品废弃物的经济与环境特性分类

图 3 – 1 中横轴表示废弃物的经济价值，从左至右依次增加，纵轴表示废弃物的环境危害，从下往上依次增加。左上角为高危害低价值产品，CRT 铅玻璃为典型代表；左下角为低危害低价值产品，以干电池为代表；右下角为低危害高价值产品，以铝易拉罐为代表。最后，图 3 – 1 的右上角为高危害高价值产品，这类产品由于价值较高，市场主体会有主动开展回收的意愿，但由于此类产品的环境危害性较大，回收再利用过程中必须注意对环境的影响，以免造成进一步污染，而现实生活中由于缺乏相关管制政策，此类产品的回收再利用流程往往不甚规范，对环境具有较大的潜在危害。

本研究的对象——废铅蓄电池，就属于第四类高危害高价值产品。

一方面，废铅蓄电池具有较高的资源价值。典型的铅蓄电池主要由电池槽、电池盖、正负极板、稀硫酸电解液、隔板及附件构成，其中铅及铅制品占铅蓄电池生产成本的60% ~70%。市场上60V 20AH 的铅蓄电池重量一般是在35kg 左右，铅蓄电池的含铅量一般在65%左右，也就是有22.75kg 的铅，即铅蓄电池每释放一度电将损耗18.96kg 的铅。如图3－2所示，国内专业的再生铅企业能够达到85%的废铅蓄电池回收利用率（可回收材料占废电池总重量之比），极板、铅膏、塑料槽等主要材料基本上就能得到有效的再生利用。通过废铅蓄电池的拆解处理和再生利用，用铅企业不必再经过采矿、选矿等原生铅生产程序，生产成本一般比原生铅生产成本低近38%，经济价值较为显著。

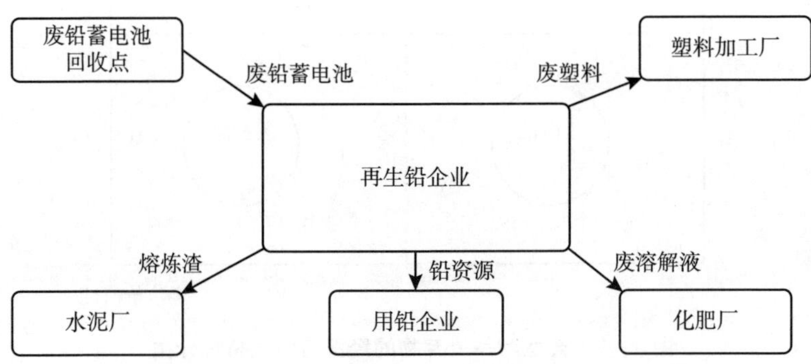

图3－2　专业废铅蓄电池处理过程中的资源循环利用

另一方面，废铅蓄电池具有较高的环境危害。随着废铅蓄电池的大量退役，未经妥善处理的废铅蓄电池将威胁公众安全，并造成难以逆转的环境污染问题。从短期安全角度看，新能源汽车的动力蓄电池额定电压高，在缺乏保护措施的情况下进行处理，易产生触电隐患；在出现短路的情况下，电池正负极会产生大电流导致高热，易引发燃爆隐患。从长期污染角度看，一般而言，一整只废铅蓄电池含有20% ~25%的电解液，其中包含15% ~20%的硫酸及悬浮性含铅化合物，经静置澄清的废电解液含铅浓度高达7 ~10g/L（马永刚，2000），随意抛置的废铅蓄电池将会对人类健康造成慢性威胁。研究显示，铅中毒会造成神经代谢、生殖、精神等方面的疾病，严重时可导致死亡①。

正是由于废铅蓄电池的二元属性，导致目前在国内市场中正规回收企业难以与非正规回收企业竞争，不仅严重影响了资源的利用效率，而且也埋下了很深的安全隐患。

第二节　铅蓄电池生产消费概况

铅蓄电池包括起动用铅蓄电池、车用铅蓄电池、电讯用铅蓄电池等多种类型，本节从生产端和消费端出发，对我国铅蓄电池的产量、市场规模及消费情况进行说明。

一、铅蓄电池生产概况

近年来，随着我国汽车、通信、电动车等行业的高速增长，铅蓄电池产业已进入高速增长期，当前的中国铅蓄电池行业已经逐渐从一个规模小、制造技术落后的低端产业发展成为一个拥有上千家企业、总产值高达1700 亿元的大产业。全国铅蓄电池生产企业中，在境内外上市的企业已超过 10 家，整个产业主要有起动型、工业用、电动车用三大应用领域。从总产量来看，我国铅蓄电池产量保持稳定增长的态势，工信部数据显示，2020 年我国铅蓄电池产量达到 22736 万千伏安时，同比增长 12.28%；2021 年仅 1 ~8 月，产量便达到 15518.7 万千伏安时，同比增长 18.70%②。

图 3 –3 展示了 2009 ~2020 年以来我国铅蓄电池行业的产量趋势，如图所示，2009 ~2020 年间，我国铅蓄电池行业总产量整体上呈现出增长趋势。虽然 2015 ~2018 年间产量略有减小，但年均产量仍然在 1.8 亿千伏安

① 铅中毒：我们身边的隐形杀手［EB/OL］. 健康界，https：//www. cn – healthcare. com/articlewm/20201002/content – 1150680. html.

② 2021 年中国铅酸蓄电池（铅酸电池）产业链现状分析，市场集中加剧［EB/OL］. 华经情报网，https：//www. huaon. com/channel/trend/800421. html.

时以上，以电动自行车电池、通信基站用电池、风力发电与太阳能发电储能铅蓄电池为代表的高端技术电池需求量也在不断增长。同时应当注意到，目前我国的铅蓄电池生产行业尚存在大量未通过清洁生产审核的企业，会产生较大的环境风险。

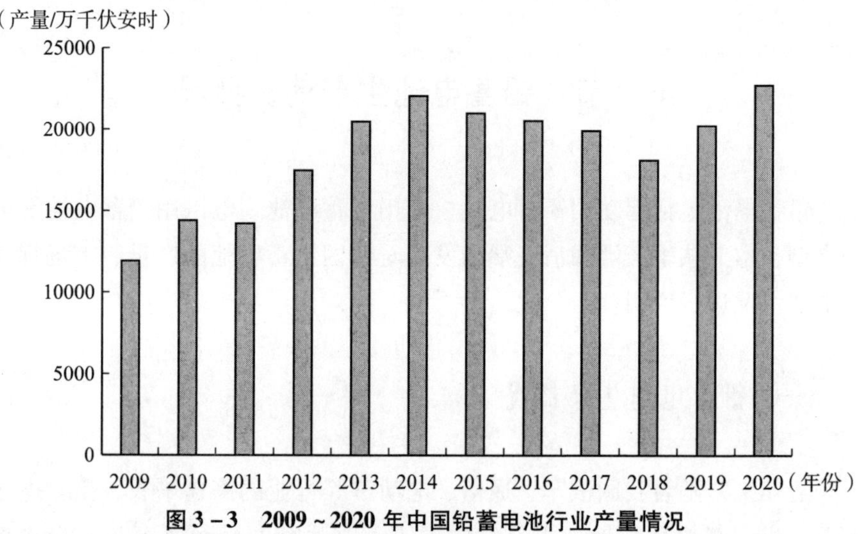

图 3－3　2009～2020 年中国铅蓄电池行业产量情况

资料来源：http：//www. chyxx. com/industry/201808/665424. html；https：//www. chyxx. com/shuju/202102/931933. html.

二、铅蓄电池消费概况

我国铅蓄电池行业近些年销售市场规模情况如图 3－4 所示，我国铅蓄行业的市场规模在 2011～2013 年期间持续增长，在 2014～2020 年虽有小幅波动，但销售额始终保持在 1500 亿元以上，2020 年超过 1600 亿元。在市场规模不断扩大的同时，我国铅蓄电池的消费量也在不断增长，如图 3－5 所示。2009～2018 年间，我国铅蓄电池的消费量均在 1 亿千伏安以上，整体上以每年 7. 6% 的年均增幅逐渐增长，虽然 2015～2018 年略有下滑，但仍然保持在 1. 5 亿千伏安时以上的水平。

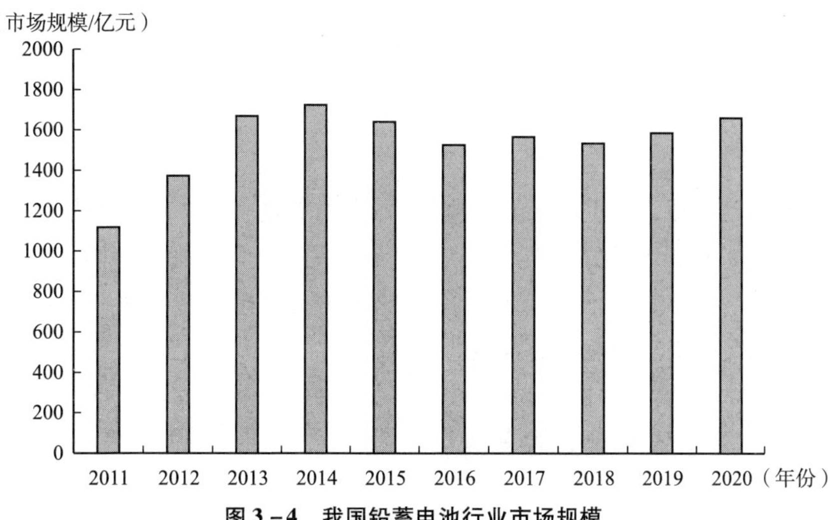

图 3－4　我国铅蓄电池行业市场规模

资料来源：2017 年我国铅酸蓄电池产量、销量及进出口贸易分析［EB/OL］. https：//www. chyxx. com/industry/201808/665424. html；2021 年中国铅酸蓄电池（铅酸电池）产业链现状分析，市场集中加剧［EB/OL］. https：//www. huaon. com/channel/trend/800421. html.

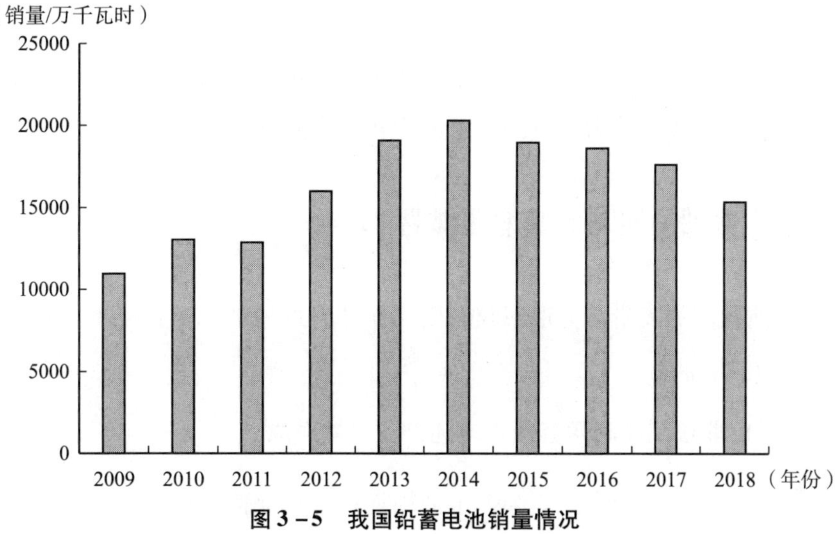

图 3－5　我国铅蓄电池销量情况

资料来源：2017 年我国铅酸蓄电池产量、销量及进出口贸易分析［EB/OL］. https：//www. chyxx. com/industry/201808/665424. html；专家论坛 | 中国废铅蓄电池产生及利用处置现状分析［EB/OL］. http：//www. atcrr. org/show－20－8394－1. html.

第三节　废铅蓄电池回收利用概况

我国已然成为铅蓄电池的消费大国，精炼铅消费量全球占比为44%[①]。尽管近年来我国废铅蓄电池回收利用率有所提升，与日本、德国、美国等国家相比，仍然较低，仅30%左右[②]。本节展示了我国废铅蓄电池的回收利用现状，并对当前面临的瓶颈进行总结。

一、废铅蓄电池回收概况

我国作为铅蓄电池的生产和消费大国，每年生产消费上亿千伏安时的铅蓄电池，年均废铅蓄电池产生量高达数百万吨，而正规回收比例却不足30%。废铅蓄电池可利用率高、再利用价值大，受市场利益驱动，目前废铅蓄电池在正规回收体系之外，已然形成了一条由个体收集者、非法再生铅企业、非法电池生产企业等组成的废铅蓄电池“体外循环”产业链。非正规回收处理产业链不仅导致正规回收企业难以在激烈的市场竞争中生存下去，而且产生了较为严重的资源浪费和环境污染问题。

二、废铅蓄电池回收利用难题

当前我国的废铅蓄电池回收利用工作开展过程中尚存在以下三点亟待解决的难题。

（一）非法回收利用废铅蓄电池产业已然形成

我国铅蓄电池尚未建立起全生命周期的信息化监管体系，铅蓄电池废

---

① 2021年全球及中国铅行业上下游产业链发展前景预测及市场需求规模战略咨询［EB/OL］. https：//www. sohu. com/a/494631742_120624718.

② 2018年中国铅酸电池行业产量、消费量及回收率分析［EB/OL］. 观研报告网，https：//tuozi. chinabaogao. com/dianli/032932C002018. html.

弃后，难以有效进入以铅蓄电池生产者为核心的正规回收利用体系，而是流入了由个体收集者、非法再生铅企业、非法电池生产企业等组成的废铅蓄电池“体外循环”产业链（图3－6）。受利益驱使，全国有20万～30万个个体收集大军①，通过简单的运输工具到各地收购废铅蓄电池。非法回收商贩如同“游击队”，灵活、多变、低成本、不规范操作，收集到的废铅蓄电池大部分进入非正规回收处理厂。这些工厂的特点是技术过时，回收率低，能耗高，污染重，对人体有高毒害作用。然而，由于监管打击难度大，非法产业链成为废铅蓄电池回收利用市场的“主力军”。

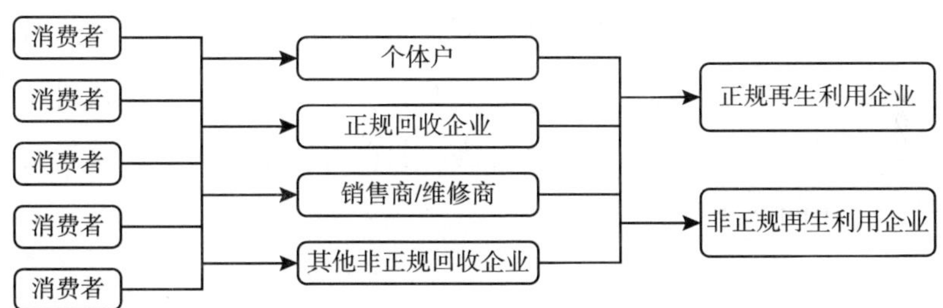

图3－6　正规回收利用与非正规回收利用并存

（二）正规企业废铅蓄电池处置能力严重过剩

我国再生铅原料主要来自废铅蓄电池，从废铅蓄电池中提炼的再生铅中铅含量可达98%，然而我国每年近80%的废旧铅蓄电池流入非正规渠道②。全国有数以十万计的个体收集者通过简单的运输工具（三轮车、面包车或厢式小货车等）到各地铅蓄电池销售店、汽车维修点等，以现金交易方式收集废铅蓄电池，正规合法渠道由于回收价格低导致难以获得足够数量的废铅蓄电池，而以废铅蓄电池为主要原料的再生铅行业企业由于原料供应有限，实际处置量与产能之间存在不小差距，面临处理能力闲置的局面。

① 不再让废旧铅蓄电池去向成谜［EB/OL］. 中国环境报，http：//epaper. cenews. com. cn/html/2019－01/30/content_80107. htm.

② 经参调查｜每年数百万吨废旧铅蓄电池流入“地下产业链”［EB/OL］. 经济参考报，https：//mp. weixin. qq. com/s/YOiJbvOz3HuBc77dDprF－Q.

（三）废铅蓄电池回收利用中的环保形势严峻

为降低运输成本，个体收集者一般会直接倒掉废铅蓄电池中的含铅酸液，再将倒完酸液的废铅蓄电池卖给当地大商贩或直接交给再生铅企业。同时，进入非法渠道的废铅蓄电池大部分流入非法再生铅企业，由于无税费负担和环境保护成本，这些企业一般采用手工操作拆解废铅蓄电池，废水和废渣随意排放问题严重，冶炼工艺上主要采用传统的小反射炉、鼓风冲天炉等熔炼工艺，极板和铅膏混炼，基本上未进行预处理，熔炼过程中产生的大量铅蒸汽、铅尘、二氧化硫全部直排，给周边造成严重的安全隐患和环境污染。以上个体商户或非法企业的回收处理过程均无法达到“废铅蓄电池破损率不能超过5%”的国家规定，废铅蓄电池回收利用面临着严峻的环境保护形势，制约了铅蓄电池产业在我国生态文明建设与循环经济发展中作用的发挥。

三、回收利用难题产生的原因

废铅蓄电池回收利用乱象背后的原因，可以归结为正规回收资质门槛高、合法企业运营成本高两方面主要原因。

（一）废铅蓄电池正规回收资质门槛高

废铅蓄电池属于危险废物，收集、转运、贮存、处理等重要环节需“持证上岗”，在《废铅蓄电池危险废物经营单位审查和许可指南（试行）》出台之前，由于《危险废物经营许可证管理办法》和《废铅酸蓄电池污染控制技术规范》等法律法规严格规定，危险废物综合经营许可证申请门槛较高、持证企业较少，加之需持有危险废物转移联单的合法企业才可以跨省转运，而现有制度转移审批手续烦琐、周期长，所以合法渠道回收废铅蓄电池的速率根本跟不上废电池产生的速度，合法企业根本无法与非法收集者和非法再生铅企业竞争，面临着非法收集形成产业链，而合法企业收集不到废铅蓄电池、处理能力大量闲置的尴尬局面。

（二）废铅蓄电池合法回收利用成本高

在收集转运方面，正规回收企业不仅要面对由非法回收者抬高的废铅蓄电池回收市场价格的竞争，而且需要按照合法要求使用危废运输车将废铅蓄电池运输至处置企业，其运输费用一般为普通货车运输费用的 2 倍，部分跨省市运输费用达到了 360～400 元/吨。回收成本 + 运输成本的双重压力，使得合法回收企业处于资金倒贴状态，无力承担高额回收成本。在处置利用方面，正规回收处理企业在固定资产投资中，公司环保设备占 40%，加上运维、折旧等因素，环保成本占再生铅回收总成本的 20% 以上；而非法"小作坊"靠一把斧、一个炉子就够了，几乎零成本，这样他们就可以大幅提高废铅蓄电池收购价格，挤占合法回收利用的市场份额。此外，在税务方面，社会源废铅蓄电池回收很多没有进项税票，无法开票；而回收企业将废电池售卖给再生铅企业，需要开具 13% 增值税发票①；并且，2015 年国家下发的《关于对电池涂料征收消费税的通知》中提出对铅蓄电池征收消费税，符合规定的企业实际税负增长 2.86%②。在非法回收、冶炼商贩长期垄断市场和恶性竞争的环境下，回收利用每吨废铅蓄电池亏损 1500 元左右，正规回收企业生存难度大。

四、生产者责任延伸制度探索情况

（一）试点方案

2019 年 1 月，生态环境部与交通运输部联合下发了《铅蓄电池生产企业集中收集和跨区域转运制度试点工作方案》③，明确了铅蓄电池生产领域

① 大部分回收企业作为一般纳税人，采用简易计税方法，即 13% 的税率，http：//www.chinatax.gov.cn/chinatax/n810341/n810755/c4551191/content.html。

② 财政部：关于对电池涂料征收消费税的通知［EB/OL］．中国政府网，http：//www.gov.cn/xinwen/2015－01/27/content_2810735.htm.

③ 关于印发《铅蓄电池生产企业集中收集和跨区域转运制度试点工作方案》的通知［EB/OL］．中国政府网，http：//www.gov.cn/zhengce/zhengceku/2019－10/11/content_5438534.htm.

实施生产者责任延伸制度的工作目标、试点地区和试点内容。

在工作目标方面提出，到2020年试点地区铅蓄电池领域的生产者责任延伸制度体系基本形成，废铅蓄电池集中收集和跨区域转运制度体系初步建立，有效防控废铅蓄电池环境风险，试点单位在试点地区的废铅蓄电池规范回收率达40%以上。

在试点地区方面，全国20省份纳入试点范围，北京、天津、河北、辽宁、上海、江苏、浙江、安徽、福建、江西、山东、河南、湖北、海南、重庆、四川、甘肃、青海、宁夏、新疆20个已具备一定工作基础的省（区、市），开展铅蓄电池生产企业集中收集和跨区域转运制度试点工作。

在试点内容方面，一是建立铅蓄电池生产企业集中收集模式；二是规范废铅蓄电池转运管理要求；三是强化废铅蓄电池收集转运信息化监督管理。

到2020年12月31日，全国共22个省份开展了铅蓄电池生产企业集中收集和跨区域转运制度试点工作，试点地区的整体规范回收率达到了设定的40%工作目标。由于试点工作取得明显成效，废铅蓄电池规范收集处理率大幅提升，2020年12月25日，生态环境部、交通运输部印发了《关于继续开展铅蓄电池生产企业集中收集和跨区域转运制度试点工作的通知》①，将试点时间延长至2022年12月31日，提出到2022年试点地区的回收率力争达到50%左右的目标。并且，在2020年9月开始正式实行的《中华人民共和国固体废物污染环境防治法》② 中明确规定，国家建立铅蓄电池生产者责任延伸制度，铅蓄电池的生产者应当按照规定，以自建或者委托等方式建立与产品销售量相匹配的废旧产品回收体系，并向社会公开，实现有效回收和利用。目前，铅蓄电池领域实施生产者责任延伸制度，建立规范的回收处理体系，已势在必行。

① 生态环境部．关于继续开展铅蓄电池生产企业集中收集和跨区域转运制度试点工作的通知［EB/OL］. https：//www. mee. gov. cn/xxgk2018/xxgk/xxgk06/202012/t20201230_815495. html.

② 生态环境部．中华人民共和国固体废物污染环境防治法［EB/OL］. https：//www. mee. gov. cn/ywgz/fgbz/fl/202004/t20200430_777580. shtml.

（二）实施情况

国务院及相关部委高度关注废铅蓄电池回收工作，地方省厅/局积极开展铅蓄电池生产者责任延伸制度的试点工作。截至 2019 年底，全国试点企业共建设废铅蓄电池集中转运点 599 个、收集网点 8057 个，2019 年共收集和转移废铅蓄电池达 47.9 万吨，通过正规渠道收集的社会源废铅蓄电池量较往年大幅增加。截至 2020 年底，全国共建设集中转运点 929 个、收集网点 11827 个，平均每个地级市有 3～5 个集中转运点，2020 年试点企业收集废铅蓄电池 141.9 万吨，约为 2019 年收集量的 3 倍[①]。

如天津市结合本地实际不断探索创新，2021 年全市废铅蓄电池收集量达到 32025 吨，废铅蓄电池规范回收率达到 78.6%[②]，提前完成目标任务，试点工作取得明显成效。再如，天能动力国际有限公司、超威动力控股有限公司、骆驼集团股份有限公司、风帆股份有限公司、理士国际技术有限公司等国内大型铅蓄电池生产企业积极参与废电池回收试点工作，与试点省份原有废铅蓄电池收集企业和再生铅企业合作，通过合作共建和自建等方式建设了一大批集中转运点和收集网点，有效促进了正规电池收集体系的建设。

第四节　废铅蓄电池回收再利用政策进展

自 1995 年第一部废铅蓄电池回收利用相关的法律出台以来，在十八年间我国陆续出台了十部法律法规[③]，以规范废铅蓄电池行业，减少回收利用过程中的乱象。

---

① 资源强制回收产业技术创新战略联盟．专家论坛丨中国废铅蓄电池产生及利用处置现状分析［EB/OL］. http：//www. atcrr. org/show－20－8394－1. html.

② 聚焦生产者责任延伸丨天津市废铅蓄电池收集试点工作稳步推进［EB/OL］. 固废服务平台，https：//mp. weixin. qq. com/s/SNfgxabI15SDlenx0EFUvg.

③ 课题组根据公开资料统计。

一、政策沿革

1995 年，我国出台了《防止固体废物造成的环境污染法》，废电池被视为危险废物，必须单独收集。此后，我国逐步制定并完善了有利于废铅蓄电池回收利用的法规政策体系。2001 年，国家环保总局发布《危险废物污染防治技术政策》，明确指出废铅蓄电池必须进行回收利用，其收集、运输环节必须纳入危险废物管理，并鼓励采用湿法再生铅生产工艺。2009 年，环境保护部发布了《清洁生产标准废铅酸蓄电池回收业》，其中的清洁生产标准明确了再生铅火法和湿法两种冶炼工艺。2010 年，环境保护部制定实施《废铅酸蓄电池处理污染控制技术规范》，规定了有资格收集废铅蓄电池的企业分别是铅冶炼企业和电池生产企业，对废铅蓄电池收集、贮存、运输和资源再生利用过程中的污染防治以及铅回收企业的运行管理提出要求。但这一阶段的废铅蓄电池回收处理政策相对宽泛，没有给电池代理商、销售商、废电池回收商（包括个体、企业等）提供一个合法收集电池的约束标准，只是鼓励由铅蓄电池生产企业及铅生产企业共同建立国内跨行政区域的废铅蓄电池回收体系，回收模式、回收主体都尚待进一步明确。

2012 年，工业和信息化部公布《再生铅行业准入条件》，指出再生铅行业包括废铅蓄电池等含铅废料的回收利用要求。2013 年，工业和信息化部、环境保护部等部委出台了《关于促进铅酸蓄电池和再生铅产业规范发的意见》，提出“鼓励生产企业通过其零售网络组织回收废铅酸蓄电池”，并“支持生产企业、销售企业、专业回收企业和再生铅企业共建回收网络”，同时提出“完善危险废物经营许可制度”。2016 年，工信部印发了《再生铅行业规范条件》，相较于 2012 年 9 月颁布的《再生铅行业准入条件》，规范条件对环保标准、装备技术、生产规模、能源消耗及资源综合利用等方面都提出了更高的要求。2016 年 12 月，国务院办公厅发布《生产者责任延伸制度推行方案》，明确提出率先对铅蓄电池等 4 类产品实施生产者责任延伸制度，采取自主回收、联合回收或委托回收模式，通过生产者自有销售渠道或专业回收企业在消费末端建立的网络回收废电池。上述这些政策对于废铅蓄电池回收利用体系的建设提出了更加明确乃至更高的要求，但是回收主体的具体责任尚待明确。

2019 年 1 月，为加强废铅蓄电池污染防治，全面打好污染防治攻坚战，生态环境部等九部委办公厅联合印发《废铅蓄电池污染防治行动方案》，明确收集率目标和各部委责任分工，提出建立铅蓄电池相关行业企业清单，推进铅酸蓄电池生产者责任延伸制度，开展废铅蓄电池集中收集和跨区域转运试点，加强汽车维修行业废铅蓄电池产生源管理等措施。随后，为落实该方案，生态环境部办公厅、交通运输部办公厅于 1 月底联合下发《铅蓄电池生产企业集中收集和跨区域转运制度试点工作方案》，建立铅蓄电池生产企业集中收集模式，规范废铅蓄电池转运管理要求，强化废铅蓄电池收集转运信息化监督管理。

2020 年 4 月，第十三届全国人大常委会第十七次会议审议通过了最新修订的《中华人民共和国固体废物污染环境防治法》（简称《固废法》），明确规定国家建立铅蓄电池等产品的生产者责任延伸制度，生产者应当按照规定以自建或者委托等方式建立与产品销售量相匹配的废旧产品回收体系，并向社会公开，实现有效回收和利用，国家鼓励产品的生产者开展生态设计，促进资源回收利用。

2020 年 5 月，生态环境部发布《废铅蓄电池危险废物经营单位审查和许可指南（试行）》，以进一步规范废铅蓄电池危险废物经营许可证审批和证后监管工作，提高废铅蓄电池污染防治水平。

2020 年底，根据《中华人民共和国固体废物污染环境防治法》的有关规定，生态环境部等部门联合发布《国家危险废物名录（2021 年版）》，将废铅蓄电池及废铅蓄电池拆解过程中产生的废铅板、废铅膏和酸液列入危废名录之中。①

① 课题组根据公开资料统计。

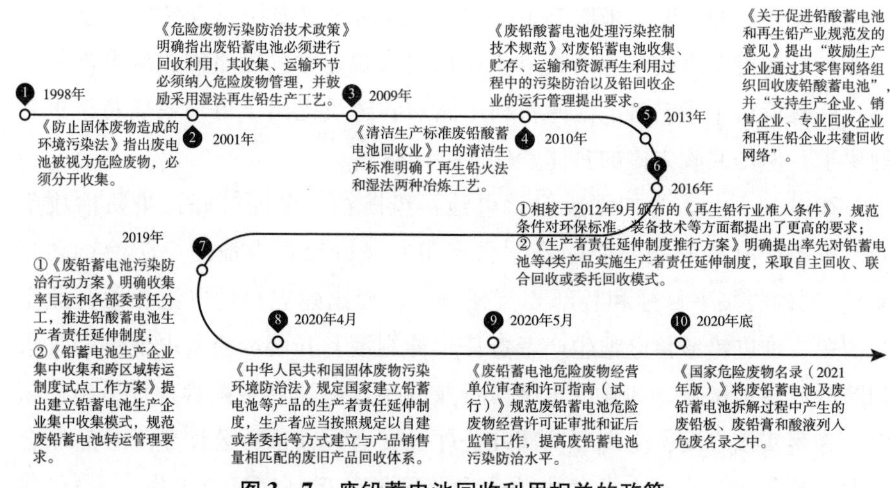

1 1998年
《防止固体废物造成的环境污染法》指出废电池被视为危险废物，必须分开收集。
2 2001年
《危险废物污染防治技术政策》明确指出废铅蓄电池必须进行回收利用，其收集、运输环节必须纳入危险废物管理，并鼓励采用湿法再生铅生产工艺。
3 2009年
《清洁生产标准废铅酸蓄电池回收业》中的清洁生产标准明确了再生铅火法和湿法两种冶炼工艺。
4 2010年
《废铅酸蓄电池处理污染控制技术规范》对废铅蓄电池收集、贮存、运输和资源再生利用过程中的污染防治以及铅回收企业的运行管理提出要求。
5 2013年
《关于促进铅酸蓄电池和再生铅产业规范发的意见》提出"鼓励生产企业通过其零售网络组织回收废铅酸蓄电池"，并"支持生产企业、销售企业、专业回收企业和再生铅企业共建回收网络"。
6 2016年
①相较于2012年9月颁布的《再生铅行业准入条件》，规范条件对环保标准、装备技术等方面都提出了更高的要求；
②《生产者责任延伸制度推行方案》明确提出率先对铅蓄电池等4类产品实施生产者责任延伸制度，采取自主回收、联合回收或委托回收模式。
7 2019年
①《废铅蓄电池污染防治行动方案》明确收集率目标和各部委责任分工，推进铅酸蓄电池生产者责任延伸制度；
②《铅蓄电池生产企业集中收集和跨区域转运制度试点工作方案》提出建立铅蓄电池生产企业集中收集模式，规范废铅蓄电池转运管理要求。
8 2020年4月
《中华人民共和国固体废物污染环境防治法》规定国家建立铅蓄电池等产品的生产者责任延伸制度，生产者应当按照规定以自建或者委托等方式建立与产品销售量相匹配的废旧产品回收体系。
9 2020年5月
《废铅蓄电池危险废物经营单位审查和许可指南（试行）》规范废铅蓄电池危险废物经营许可证审批和证后监管工作，提高废铅蓄电池污染防治水平。
10 2020年底
《国家危险废物名录（2021年版）》将废铅蓄电池及废铅蓄电池拆解过程中产生的废铅板、废铅膏和酸液列入危废名录之中。

图 3-7 废铅蓄电池回收利用相关的政策

二、未来发展趋势

（一）对废旧铅蓄电池实施回收目标制管理

我国将铅蓄电池污染防治作为打好污染防治攻坚战的重要内容，完善源头严防、过程严管、后果严惩的监管体系，严厉打击涉废铅蓄电池违法犯罪行为，建立规范的废铅蓄电池收集处理体系，有效遏制非法收集处理造成的环境污染。2019 年 1 月 24 日，生态环境部、发展改革委、工业和信息化部等九部委印发《废铅蓄电池污染防治行动方案》①，明确发展改革委、生态环境部负责制定发布铅蓄电池回收利用管理办法，落实生产者延伸责任制度，并提出到 2020 年铅蓄电池生产企业通过落实生产者责任延伸制度实现废铅蓄电池规范收集率达到 40%，到 2025 年废铅蓄电池规范收集率达到 70%，规范收集的废铅蓄电池全部安全利用处置。2020 年，国家发改委发布的《铅蓄电池回收利用管理暂行办法（征求意见稿）》② 也提

① 生态环境部．废铅蓄电池污染防治行动方案［EB/OL］. https：//www. mee. gov. cn/xxgk2018/xxgk/xxgk05/201901/t20190124_690792. html.

② 国家发展和改革委员会．铅蓄电池回收利用管理暂行办法（征求意见稿）［EB/OL］. https：//hd. ndrc. gov. cn/yjzx/yjzx_add. jsp？ SiteId = 322.

出到国家实行铅蓄电池回收目标责任制，制定发布铅蓄电池回收目标，并根据行业发展情况适时调整，同时明确铅蓄电池生产企业回收率的核算方法，明确了配套的管理制度、回收利用各个环节的要求和相应的惩罚措施。

（二）建立生产者广泛参与的废铅蓄电池回收体系

未来生产者责任制度的推行应能够推动铅蓄电池生产企业的回收网络布局，广泛的回收网络分布将为企业废铅蓄电池委托回收带来便利，收集处置难题将迎刃而解。随着废铅蓄电池信息化管理的逐步成熟和管理成效的日益凸显，在生产者责任延伸制度要求下，生产企业将充分产品销售网络体系参与到末端回收网络建设中，采取“销一收一”“押金制”等方式促进废旧电池回收，与已有资质单位开展自主回收与联合回收。

（三）废铅蓄电池全生命周期溯源体系建设逐步完善

按照《废电池污染防治技术政策》《废铅酸蓄电池回收技术规范》等文件要求，信息化是废铅蓄电池管理的必然趋势。生态环境部已经组织完成了“废铅蓄电池收集处理信息平台”建设，并于 2022 年 6 月印发《关于进一步推进危险废物环境管理信息化有关工作的通知》①，要求地方各级生态环境部门按照有关规定，指导督促相关单位应用国家固废信息系统中的废铅蓄电池收集处理专用信息平台，如实记录有关信息，加强废铅蓄电池从收集网点零散收集到再生铅冶炼的全过程信息管控。依托信息系统，企业应如实记录收集、贮存、转移废铅蓄电池的数量、重量、来源、去向等信息，并实现与全国或各省危险废物信息系统的数据对接。

① 生态环境部．关于进一步推进危险废物环境管理信息化有关工作的通知［EB/OL］. https://www.mee.gov.cn/xxgk2018/xxgk/xxgk06/202206/t20220617_985894.html.

第四章

废铅蓄电池回收利用模式分析

废铅蓄电池的回收利用是各国亟待解决的问题，日本、德国、美国等发达国家已探索出了较为成熟的回收利用模式，而国外成熟回收模式与我国当前的经济和经济发展水平并不完全吻合，我国须形成适合自身实际的废铅蓄电池回收利用模式。本章对生产者逆向回收利用和第三方社会化回收利用两种得到广泛认可和应用的模式进行详细说明，进而为我国探索出适应自身发展特点的模式提供指导。

第一节 回收利用模式概述

本节从政策、相关主体角度出发，对废铅蓄电池回收利用模式进行概述。在明确我国的法律法规的基础上，明确生产者、分销商、消费者、回收企业和拆解处理企业等相关利益方在产业链上所处的环节。

一、政策简介

2016 年 12 月，国务院办公厅发布《生产者责任延伸制度推行方案》①，在综合考虑产品市场规模、环境危害和资源化价值等因素的基础

① 国务院办公厅．生产者责任延伸制度推行方案［EB/OL］. http：//www. gov. cn/gongbao/content/2017/content_5163453. htm.

上，率先确定对铅蓄电池等4类产品实施生产者责任延伸制度。鼓励铅蓄电池生产企业采取自主回收、联合回收或委托回收等模式，通过生产企业自有销售渠道或专业企业在消费末端建立的网络回收废铅蓄电池。

2020年，国家发改委发布《铅蓄电池回收利用管理暂行办法（征求意见稿）》，明确提出国家实行铅蓄电池回收目标责任制，制定发布铅蓄电池回收目标，铅蓄电池生产企业（含进口商）通过自行回收、与社会回收利用企业合作等方式，承担完成回收目标的责任，并于每年3月底前提交上一年度目标完成情况报告。鼓励铅蓄电池生产企业和废铅蓄电池回收利用企业等组成联合体完成回收目标责任。

二、相关主体

铅蓄电池从生产到消费，再到回收利用整个环节，涉及铅蓄电池生产商、铅蓄电池经销商/维修商、消费者、废铅蓄电池回收企业、废铅蓄电池拆解处理企业（如再生铅企业）等五类主要行为主体（如图4－1所示），并且政府作为政策制定者，其行为将会对五类主体产生较为显著的影响。值得进一步指出的是，如前文所述，由于废铅蓄电池高价值性和高

图4－1　回收利用主体

污染性并存的特点，目前在中国废铅蓄电池回收利用过程中，存在着正规回收企业和非正规回收企业并存、正规拆解处理企业和非正规拆解处理企业并存的现象。

三、模式简介

近年来随着生产者责任延伸制度推行及铅蓄电池生产企业集中收集制度试点，社会源废铅蓄电池的回收明显改善。目前，在国内的废铅蓄电池回收实践中，有生产者通过逆向回收网络自主回收和第三方专业回收企业社会化回收2种主要模式，如图4－2所示。而行业联盟回收模式虽然成本低、效率高，但是需要协调行业内各类企业，并且参与企业面临核心技术外泄的风险，相关的法律法规尚不完善，目前在中国还没有出现。

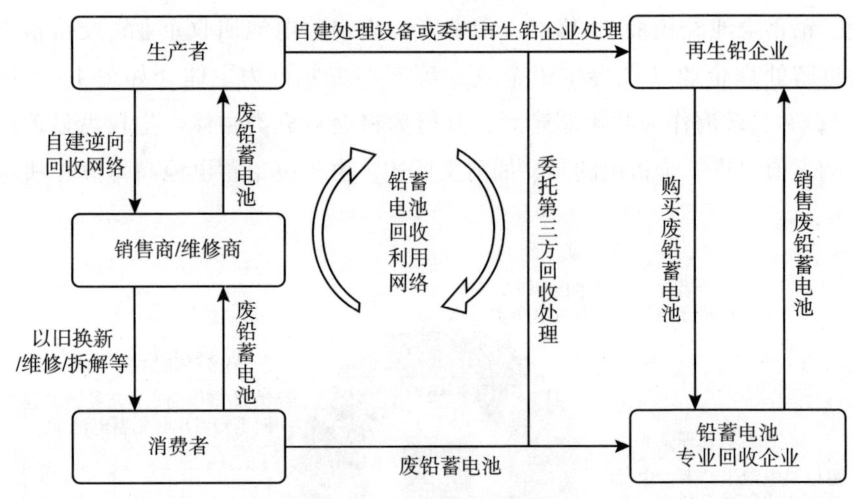

图4－2　铅蓄电池的回收利用

生产者逆向回收模式由铅蓄电池生产商通过销售渠道构建逆向回收网络，在销售商和消费者的配合下完成废铅蓄电池回收工作。这种模式下，回收企业就是生产者，熟悉自己的产品，回收的技术难度小、资金成本低，但对于渠道小、资金压力大的小企业而言实施难度较大。

第三方社会化回收模式下，铅蓄电池生产商把自身的回收业务委托给专业的第三方废铅蓄电池回收企业，并支付相应的费用。这种模式对第三方企业的回收网络、存储运输资质、再生利用能力有较高要求，但对生产者而言前期投资成本较低。

在生产者责任延伸制度下，不同类型的回收模式适用于不同类型的企业：对于上下游产业链延伸较长、资金实力和规模雄厚的生产者，具备较强的技术支撑和经济实力保障，既有强大销售网络也有利于开展生产者逆向回收，具备垂直管理和回收效率高的优势；而对于一般的中小型企业而言，自主回收需要大量的前期投资和资质审核，有可能影响企业核心业务的发展，则更适用于采取第三方社会化回收模式，以分摊投资、避免重复建设和恶性竞争。具体分析将在下面 2 个小节展开。

第二节　生产者逆向回收利用模式

生产者逆向回收利用模式是生产者责任延伸制度在废弃物回收利用领域的表现形式。早在 1989 年出台的《旧水泥纸袋回收办法》中，生产者逆向回收利用模式就已有所体现，本节从运转机制、优缺点及适用性、实践情况对生产者逆向回收利用模式进行介绍。

一、运转机制

生产者逆向回收利用模式是指铅蓄电池的生产商需要单独建立自己的回收网络，负责废铅蓄电池的集中回收、运输、分类和拆解处理等一系列工作。如图 4－3 所示，铅蓄电池生产企业生产的产品经过铅蓄电池销售商或者铅蓄电池的使用厂家销售到消费者手中，然后需要按照政府的要求从消费者、经销商、维修商、回收企业等主体手中自行回收废铅蓄电池。在这种模式下，由于铅蓄电池生产者需要在既有的正向物流网络体系下建设逆向回收利用体系，自行设置回收网点，对回收利用人员进行招聘和培训，然后负责从回收到拆解再利用的一系列工作，延长的产业链也要求生产商具有强大的经济实力和适当的发展规模。

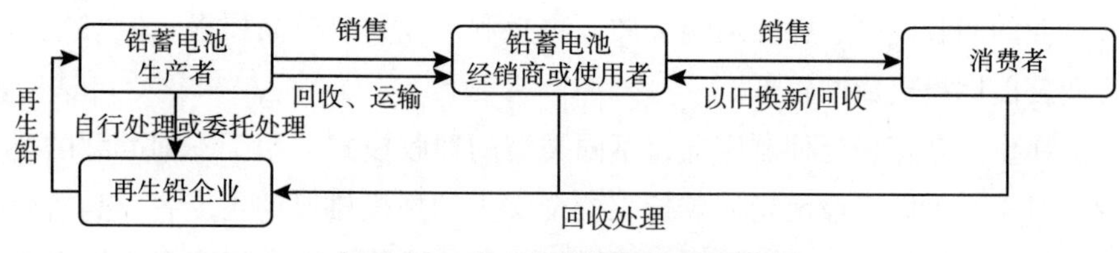

图4-3 生产者逆向回收利用模式

二、优缺点及适用性

铅蓄电池生产者自己负责回收再利用，会给企业带来许多优势。生产者可以在原有的销售渠道下回收废旧产品，在此基础上依靠自身的能力推动废铅蓄电池回收利用的后续环节，最大限度完成铅蓄电池全部使用价值并获取相应的经济效益和社会效益。在这种模式下，铅蓄电池企业自己回收利用，可以较理想地掌握资源流向，较大程度地降低原材料成本，从而增加企业利润。另外，废铅蓄电池在回收、拆解、回收处理过程中会产生大量的污染物，如果处理不当，会对环境造成无法预测的危害。如果企业自己回收处理，有利于节约资源、保护环境，塑造企业良好的社会形象。再者，铅蓄电池生产商可以基于铅蓄电池全生命周期考虑怎么提升回收利用的技术问题，从原材料选择、生产工艺流程、产品设计、资源循环利用方面综合考虑如何提升产品性能等，发挥铅蓄电池生产企业各个环节的优势，还有利于保护企业商业机密。

但是，选择这种方式也将面临着许多不利的因素。对于铅蓄电池生产商而言，将在原有的生产制造系统的基础上增加回收系统，使得企业整个系统变得更为复杂，为企业带来较大的变化。选择该模式，对铅蓄电池的生产能力、员工综合素质、企业组织结构、回收技术水平、物流配送优化能力和技术等因素提出了更高的要求，企业必须加大人力、物力、财力投入，以求维持正常运营和获取回收效益。此外，采取这种回收模式，企业不能专注于原有的核心技术领域、发挥企业核心优势。

因此，生产者逆向回收利用模式较为适用于上下游产业链延伸较长、资金实力和规模雄厚的生产者。

三、实践情况

目前，采取生产者逆向回收利用模式的典型企业如天能集团、豫光集团、超威集团等。

（一）天能集团

天能集团创始于1986年，是一家以电动轻型车动力电池业务为主，集电动特种车动力电池、新能源汽车动力电池、汽车起动启停电池、储能电池、3C电池、备用电池、燃料电池等多品类电池的研发、生产、销售为一体的企业①。

天能集团打造了一个闭环式的循环经济产业链，从生产制造到回收处理、再生冶炼，再回到生产，同时结合自主创新的纯氧助燃、精炼保锑等技术，极大地降低再生铅的提取成本和能耗，成本降低38%、而能耗仅为原生铅的25.1%。2010年，天能集团投资18亿元建设天能循环经济产业园；2012年，建成废铅蓄电池回收处理的全自动智能化生产线，一期工程可规模化、无害化年回收处理15万吨废铅蓄电池，年产再生铅10万吨、塑料1.25万吨，年产值超15亿元，初步构建了浙江省铅蓄电池循环回收再生体系②。天能集团现已建设了规范有效的回收体系，在20余省份开设50多万家门店，最大限度回收社会源的废旧电池，年处理废旧铅蓄电池能力共达95万吨。另外，天能集团与高校、科研院所保持紧密合作，像是浙江大学、中科院等，回收利用技术处于国内领先水平，研发了“从废旧锂电池中回收制备的电池级高纯硫酸钴”“废旧动力锂电池清洁回收绿色循环工艺”等5项省级新产品新技术，申请专利27项。天能集团在长兴建设的废旧锂电池回收项目，在实现了对废旧锂电池安全回收的同时，达到再

---

① 天能集团官网，http：//www. cn－tn. com/about/。

② 蓄电池行业交流平台．天能集团：打造铅蓄电池循环信息化平台［EB/OL］. https：//news. bjx. com. cn/html/20151204/688448－1. shtml.

制造成合格锂电池原材料的目的，打造了产业链循环运营示范模式①。

（二）豫光金铅

豫光集团成立于1957年，是中国有色金属行业大型企业，目前拥有控股和参股子公司30余家，核心企业为河南豫光金铅股份有限公司和河南豫光锌业有限公司。其中，河南豫光金铅股份有限公司2002年7月在上海证券交易所上市，是中国大型铅冶炼企业以及白银、再生铅生产基地。

2002年，豫光集团成立废旧有色金属回收有限公司，开启了再生资源开发之路，涉足废电池回收利用、环境保护、回收体系建设等领域，在国内首创了“废旧铅酸蓄电池自动分离-底吹熔炼再生铅”生产工艺，开创了再生铅和原生铅相结合的新模式，使铅工业步入“生产—消费—再生”的循环发展之路；2014年在江西永丰工业园投资兴建的18万吨废铅酸蓄电池回收项目投产，废铅酸蓄电池的年处理能力达到54万吨，是当时世界最大的废铅酸蓄电池处理企业；2015年在全国16个省市布局了67个废铅蓄电池回收站点，同时构建基于“互联网+”的废铅酸蓄电池回收利用信息网络管理平台和相配套的物流系统，并通过成立配送中心、建立回收联盟、委托代加工贸易等多种方式，与江森、洲际、风帆等蓄电池企业以及国内专业回收公司展开合作，建立中国首个覆盖范围广、体系运行规范的全国性回收体系，这一模式被称为“豫光模式”。②

（三）超威集团

超威集团创立于1998年，2010年在香港主板上市，旗下子公司——超威梯次（北京）能源科技有限公司（简称“超威梯次”）成立于2017年，是超威集团为响应生产者责任延伸制度专门成立的废铅蓄电池回收及梯次利用公司。

依托超威集团在全国3000个代理商、63万个基层销售网点，超威梯

① 天能开拓锂电池绿色循环利用　可对废旧锂电池安全回收并修复再造［EB/OL］. 浙江在线环保新闻网，https：//new. qq. com/rain/a/20220301A08E9900.

② 豫光模式：资源再生新战略［EB/OL］. 中国有色金属报，https：//mp. weixin. qq. com/s/15GKm ESv2sd8AaLwMhapow.

次通过“以旧换新、逆向物流”的方式回收废铅蓄电池，在天津、河北、上海、山东、福建、广西等省、市设立26家子、孙回收公司；在广西、浙江、上海等省区市取得《危险废物经营许可证》；在北京、天津、海南等省区市取得废铅蓄电池回收试点资质；按照环保要求，在试点省区市建立了500余个暂存点、20余个中转站，构建了安全有序的废铅蓄电池回收体系（图4－4）[①]。

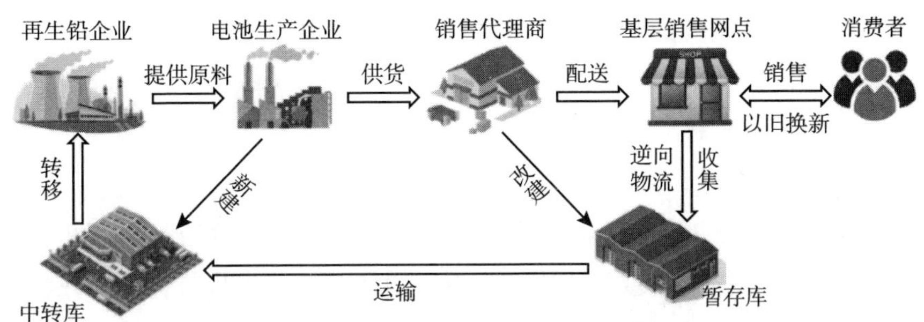

图4－4　超威梯次的生产者逆向回收利用模式

（四）骆驼集团

骆驼集团股份有限公司成立于1980年，以铅蓄电池研发、生产、销售为主，集储能产品、再生资源回收及循环利用等新能源产业为一体，是亚洲最大的汽车用低压电池制造企业。

作为铅蓄电池国内最大生产商，骆驼集团在全国拥有超过1000家签约经销商、超过50000家零售商网络、41家蓄电池物流配送仓储中心、100多家配套单位，汽车4S店是骆驼集团废旧铅蓄电池回收的主要渠道。骆驼集团集产、销、回收、利用于一体，经销商可以通过废旧铅蓄电池的回收业务、扩大经营范围，盘活资金、通过以旧换新进行促销，而回收的废电池则由骆驼物流配备自有新能源配送车辆（需要办理次危险品运输车），为经销商配送蓄电池的同时将经销商回收的废旧电池带回中转仓库。截至2020年底，公司废铅蓄电池回收处理能力可达86万吨/年，规范回收率达

① 超威集团官方网站，http：//www. chilwee. com/Product/ProductInner/id/31。

到 90% 以上，远超国家政策要求水平①。

第三节　第三方社会化回收利用模式

第三方社会化回收利用模式是一种市场化的高效模式，德国绿点组织是其典型代表，这一模式充分发挥了专业分工的优势，同时集中了回收力量，避免了社会资源的浪费。本节将对这一模式进行详细介绍。

一、运行机制

所谓“第三方社会化回收利用模式”，是指铅蓄电池的制造商在售出产品后，不参与报废铅蓄电池的回收再利用环节，而是将该责任委托给第三方回收企业并支付相关的费用，由第三方组织负责回收责任。如图 4－5 所示，第三方回收组织需要自己设置网点，购买运输、分拣、仓储和拆解处理设备，组织招聘专门化的回收再利用人员，将集中回收的铅蓄电池经过分类处理后送还给制造商，并按照一定的标准收费。

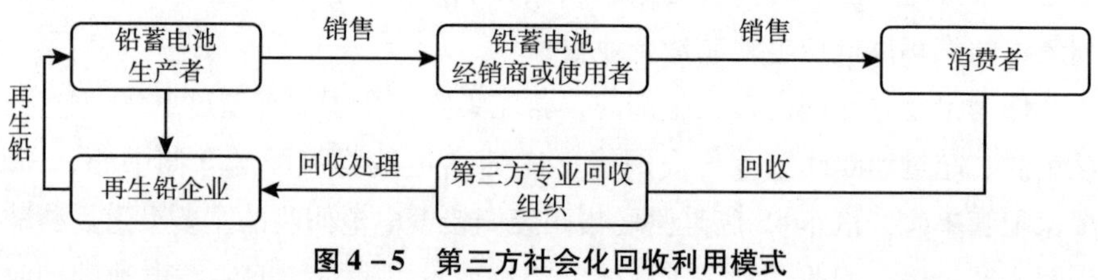

图 4－5　第三方社会化回收利用模式

二、优缺点及适用性

第三方社会化回收模式是许多专家学者比较提倡的一种回收模式。企业通过资源外向配置，将回收业务外包给第三方企业，降低了生产企业自

① 骆驼集团官方网站，http：//www. chinacamel. com/content. aspx？ node = 1044。

身的运营风险，使企业更能适应外部环境的变化，而且第三方回收企业是专业的回收主体，它的服务辐射半径长，同时服务辐射范围内的多家企业，可以形成客户之间的物流业务共享和拼整效应，较大程度提高企业资源利用率，降低单位运营成本，在固定设施设备投资方面，也可以减少投入。此外，作为服务型企业，第三方回收企业可以提供比其他模式更专业化的服务质量，将主要精力集中在本企业的核心业务上，提高企业竞争力。

同时，这种模式也存在许多不利因素，比如铅蓄电池制造商与第三方企业之间存在利益相悖，不利于铅蓄电池全生命周期各环节的优势调配。其次，第三方回收企业的提出的费用高低会直接影响其与制造商之间的合作关系。在该模式下，第三方回收企业同时承接多家制造商的回收业务，不利于铅蓄电池生产企业对终端信息的掌握。

对于一般的中小型企业而言，采取第三方社会化回收模式的风险相对更低、可操作性强。

三、实践情况

2017 年，山东省生态环境厅和交通运输厅联合发布《山东省废铅酸蓄电池收集和转移管理制度试点工作方案》①，逐步实现废铅蓄电池无序收集向有序收集方式的转变，规范废旧铅蓄电池流向，杜绝“倒酸”等各种违法行为发生。

山东省将废铅蓄电池收集贮存设施分为两个层级，即暂存点和收集站，其建设需满足《山东省铅蓄电池全生命周期污染防治技术规范》（DB 37/T 1931—2018）的要求。暂存点为废铅蓄电池临时场所，负责收集县域范围内个人消费者“以旧换新”、快修店、汽修厂等产生的零散废铅蓄电池；收集站废铅蓄电池贮存时间相对较长、贮存量较大，主要负责设区市范围内产生的废铅蓄电池、工业企业产生的废铅蓄电池、暂存点收集的废铅蓄电池和其他集中产生的废铅蓄电池，运营主体主要为铅蓄电池生产企

① 山东省生态环境厅和交通运输厅．山东省铅蓄电池生产企业集中收集和跨区域转运制度试点工作方案［EB/OL］. http：//www. shandong. gov. cn/art/2019/5/14/art_2259_31736. html.

业、再生铅企业和专业回收公司。

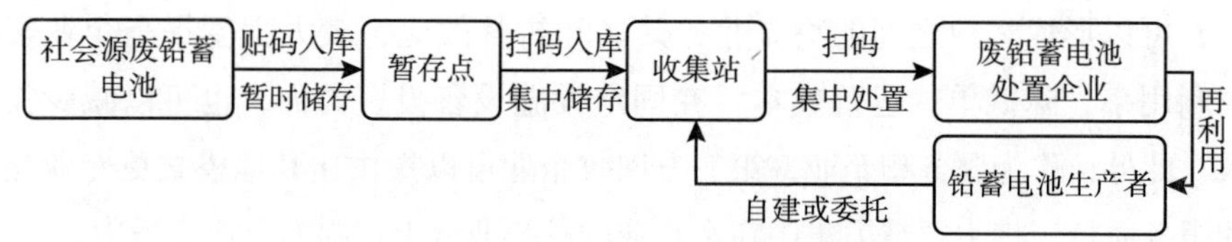

图 4-6　山东省废铅蓄电池回收利用模式

如图 4-6 所示，铅蓄电池生产企业是收集站、暂存点的建设者或委托者，因此对于企业而言有自主回收和第三方回收两种模式。收集站负责指导、监督下属暂存点的收集转运行为，并对收集人员进行上岗培训。收集站具备跨省转移的资质，为收集站、暂存提供高效的互联网 + 物联网技术设备支持，引入二维码贴码扫码信息管理技术和信用惩戒机制，维护收集市场价格稳定。一个收集站最多接收三个生产企业的委托，收集废铅蓄电池不应有品牌、种类、规格、型号等限制。

通过分级管理、信息化管理的技术模式，山东省各县均建立了收集站或暂存点，收集范围涵盖了交运集团、通信集团、银行等大型企业，以及汽车 4S 店、汽配城、电动车销售网点、电池销售网点、废旧物资收购站等各类产生废铅蓄电池的点位。仅在开展的第一年，2018 年，山东省通过正规回收并跨省转移的废铅蓄电池量为 26.72 万吨，而在此前未开展试点的 2015 年，该数字仅为 0.0797 万吨①。

① 山东省探索构建废铅蓄电池收集处理体系［EB/OL］. 中国环境报，https：//huanbao. bjx. com. cn/news/20190514/980286. shtml.

第五章

废铅蓄电池回收利用主体行为影响因素分析

铅蓄电池从生产到消费，再到回收利用整个环节，一般要涉及铅蓄电池生产商、铅蓄电池经销商/维修商、消费者、废铅蓄电池回收企业、废铅蓄电池拆解处理企业（如再生铅企业）等五类主要行为主体。为更好地了解回收利用主体的行为，为选择合理的回收模式奠定良好基础，本章对五类行为主体进行问卷调研，分析影响其回收的因素。

第一节　消费者回收行为影响因素分析

消费者作为铅蓄电池的最终使用者和拥有者，其回收意愿和行为极大地影响废铅蓄电池的回收率。本节基于整合技术接受模型（UTAUT），通过调查问卷的形式，对消费者回收行为的影响因素进行实证分析。

一、理论简介

整合技术接受模型（Unified Theory of Acceptance and Use of Technology，UTAUT）是在整合了理性行为理论（Theory of Reasoned Action，TRA）、技术接受模型（Technology Acceptance Model，TAM）、动机模型（Motivational Model，MM）、计划行为理论（Theory of Planned Behavior，TPB）、组合技术接受模型和计划行为理论模型（C－TAM－TPB）、计算机可用性模型（Model of PC Utilization，MPCU）、创新扩散理论（Innovation Diffusion Theory，

IDT）以及社会认知理论（Social Cognitive Theory，SCT）八个理论模型的基础上，将主要因素进行整合而形成的综合模型，用于帮助管理者了解用户接受新技术的驱动因素，并依此进行干预或激励（Venkatesh，et al.，2003）。该模型采用绩效期望（Performance Expectancy，PE）、努力期望（Effort Expectancy，EE）、社会影响（Social Influence，SI）、促进条件（Facilitating Conditions，FC）4 个核心变量来探究用户对于新技术的行为意愿，并将性别、年龄等作为调节变量，系统分析用户行为意愿的影响因素。

目前该理论已经得到学者们的普遍认可，广泛应用于环保、网络等更多技术推广领域。废铅蓄电池的回收的研究既可以看作一种资源回收方式，也可以看作一项资源回收技术，因此本书开创性地将该模型应用到废弃物回收行为影响因素研究领域，分析影响消费者参与废铅蓄电池正规回收的因素。

二、研究假设

消费者是铅蓄电池消费的终点，同时也是废铅蓄电池回收利用的起点，消费者是否有意愿参与回收直接从源头决定了废铅蓄电池回收的质量与水平。一般情况下，消费者处理废铅蓄电池的可能方式有 4 种，即在维修时直接交给铅蓄电池的销售商或维修商、通过网络回收渠道交还废铅蓄电池、直接卖给废品回收商贩、或不做任何处理。影响消费者参与废铅蓄电池正规回收行为的因素有很多，根据 UTAUT（Unified Theory of Acceptance and Use of Technology）理论，影响消费者回收行为的因素既包括绩效期望（PE）、努力期望（EE）、社会影响（SI）和促进条件（PC）等核心变量，也包括年龄（AG）、学历（ED）、回收态度（AT）、回收经验（EX）等人口统计特征在内的控制变量。

绩效期望（PE）是指消费者在参与废铅蓄电池回收的过程中感知到的为自己带来效用的程度，一般包括经济价值和环保价值两个方面。努力期望（EE）是指消费者在参与废铅蓄电池回收过程中所愿意付出的努力程度，一般包括回收时所付出的经济成本和时间成本。社会影响（SI）是指消费者感受到的来自周围社群的影响程度，包括政府对相关法律法规的宣传、亲朋好友的影响等。促进条件（PC）是指能够消费者参与回收的一些客观的、技术设备的支持条件，例如回收设备是否齐全等。除此之外，消费者自身对于废铅蓄电池回收的环保认知、回收经验、年龄、学历等也会对消费者的正规回收意向产生影响。

基于上述分析，本书构建了消费者废铅蓄电池回收的 UTAUT 理论模型，如图 5 - 1 所示，并提出如下研究假设：

假设 1：消费者的绩效期望正向影响其正规回收行为意向。

假设 2：消费者的努力期望对其正规回收行为意向具有负向影响。

假设 3：消费者的社会影响正向影响其正规回收行为意向。

假设 4：消费者的促进条件正向影响其正规回收行为意向。

假设 5：消费者的学历正向影响其绩效期望，进而间接影响其正规回收行为意向。

假设 6：消费者的社会影响正向影响其回收态度，进而间接影响其正规回收行为意向。

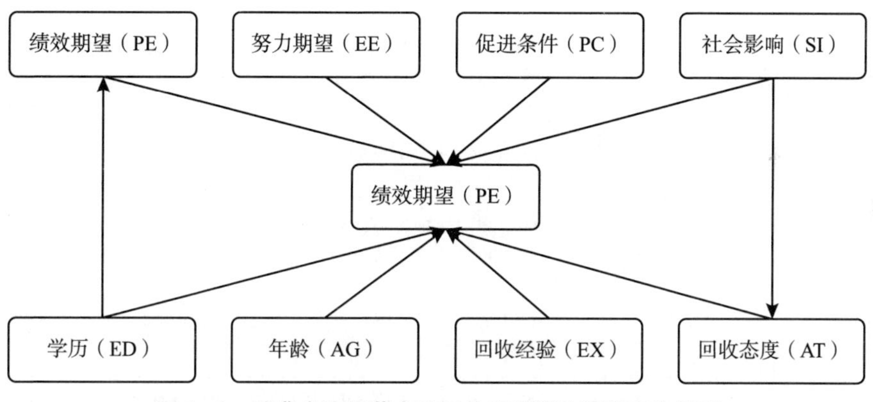

图 5 - 1　消费者废铅蓄电池回收行为影响因素理论模型

三、问卷调查

（一）问卷设计

在消费者这一部分的研究中，自变量分为核心变量和控制变量，因变量为行为意向，通过配合程度和回收倾向两个维度进行衡量，问卷具体内容如表 5 - 1 所示。

表 5 - 1　　消费者废铅蓄电池回收行为问卷设计

<table>
<tr><th colspan="3">变量</th><th>问卷测量项目</th></tr>
<tr><td rowspan="15">自变量</td><td rowspan="8">核心变量</td><td rowspan="2">绩效期望（PE）</td><td>PE1 请问您认为随意丢弃废铅蓄电池对环境的危害程度如何</td></tr>
<tr><td>PE2 请问您是否认为获得一定的经济报酬有助于提高您的回收意愿</td></tr>
<tr><td rowspan="3">努力期望（EE）</td><td>EE1 请问您能否接受在废铅蓄电池回收过程中支付一定的运输费用</td></tr>
<tr><td>EE2 请问您能否接受在将废铅蓄电池交给回收商时支付一定的处理费用</td></tr>
<tr><td>EE3 请问您是否认为您没有时间将废铅蓄电池交回指定回收地点</td></tr>
<tr><td rowspan="2">社会影响（SI）</td><td>SI1 请问您是否了解相关法规已规定居民在回收过程中负有责任</td></tr>
<tr><td>SI2 请问如果您的邻居朋友向您介绍废铅蓄电池的回收经验，您是否也愿意践行</td></tr>
<tr><td>促进条件（PC）</td><td>PC 请问您是否认为您周围的废铅蓄电池回收设施不齐全</td></tr>
<tr><td rowspan="7">控制变量</td><td rowspan="2">回收经验（EX）</td><td>EX1 请问您是否曾经参与过“以旧换新”“折价回收”等废铅蓄电池回收活动</td></tr>
<tr><td>EX2 请问您是否曾经将废铅蓄电池送给/卖给小型废品回收商贩</td></tr>
<tr><td rowspan="3">回收态度（AT）</td><td>AT1 请问您对废铅蓄电池问题的关注程度如何</td></tr>
<tr><td>AT2 请问您认为消费者在废铅蓄电池回收过程中承担的责任多大</td></tr>
<tr><td>AT3 请问您是否觉得从自身做起支持废铅蓄电池回收十分必要</td></tr>
<tr><td>年龄（AG）</td><td>AG 您的年龄</td></tr>
<tr><td>学历（ED）</td><td>ED 您的学历</td></tr>
</table>

续表

变量		问卷测量项目
因变量	行为意向（BI）	BI1 请问您对配合废铅蓄电池进行正规回收的意愿程度如何
		BI2 如果可能，即使价格更低一些，您也更愿意将废铅蓄电池卖给正规回收商而非不正规商贩

（二）问卷调查

铅蓄电池的社会性消费群体主要集中于汽车车主和电动自行车车主。为保证问卷数据的合理性及有效性，本研究采取随机抽样的方法，对全国各地的汽车和电动车车主回收利用废铅蓄电池的情况进行了调查（如图5－2所示），共收回问卷1107份，有效问卷845份，有效回收率达76.33%。在845份有效答卷中，汽车车主占47%，电动自行车车主占20%，同时拥有汽车和电动自行车的车主占33%。

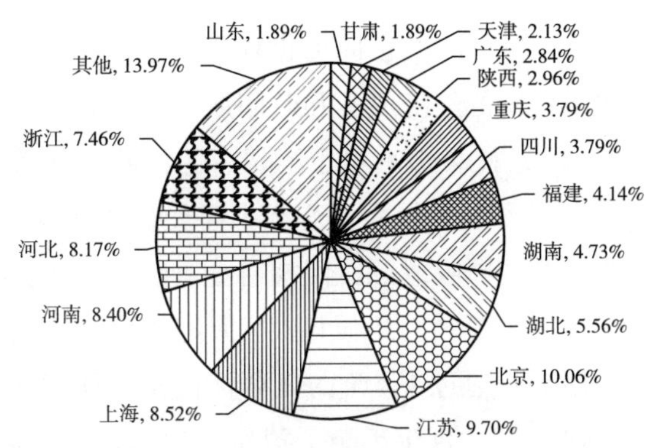

图5－2 消费者样本分布情况

（三）问卷质量分析

在问卷的信度检验中，各变量的α值均在0.7以上，说明其测量项目设计的较为合理，具有较为良好的信度。在效度检验中，各变量的KMO值均在0.8以上，Barlett球形检验的P值都为0，达到显著，且各变量测量项目的因子载荷也在0.5以上，具有显著性，表明所有变量都有较为良好的效度。

四、实证分析

(一) 直接效应

以行为意向(BI)作为因变量,以绩效期望(PE)、努力期望(EE)、社会影响(SI)、促进条件(PC)作为核心解释变量,将年龄(AG)和学历(ED)作为控制变量进行回归分析,验证假设1~4,分析绩效期望、努力期望、社会影响、促进条件四大核心因素对消费者正规回收行为意向的直接效应。

得到结果如表5-2所示,假设1~4均成立。对于假设1,绩效期望对行为意向的正向促进作用非常显著,通过了1%的显著性检验,这意味着通过提高废铅蓄电池回收价格,提高消费者对废铅蓄电池危害的认知带来的消费者绩效期望提升,有助于提高消费者参与正规回收的意向。对于假设2,社会影响对行为意向的正向促进作用通过了10%的显著性检验,消费者预期为回收所付出的经济成本和时间成本越高,其参与正规回收的意向越弱。对于假设3,社会影响对于消费者的回收意向具有正向促进作用,但未能通过10%的显著性检验,这意味着政府宣传和亲朋邻里的感召虽然有助于提高消费者的回收意愿,但相对显著性效果不如绩效期望、努力期望和促进条件更为明显。对于假设4,促进条件对于消费者的回收意向具有正向促进作用,并通过了5%的显著性检验,现有的回收设施不齐全降低了回收的便捷程度,直接影响了消费者参与正规回收的行为意愿,打造更加便捷完善的回收设施将有助于显著提高消费者的回收意愿。此外,研究结果显示回收态度(AT)也能显著地影响着消费者参与正规回收的意愿,消费者对废铅蓄电池环保问题的重视以及对自身环保责任的认知都能够显著增加消费者参与正规回收的意愿。

表 5 – 2　　消费者行为核心影响因素实证研究

行为意向（BI）	模型 1		
	Beta 系数	t 值	P 值
绩效期望（PE）	0.208	3.70	0.000
努力期望（EE）	–0.040	–1.89	0.059
社会影响（SI）	0.061	1.42	0.155
促进条件（PC）	–0.035	–2.26	0.024
回收经验（EX）	0.018	0.68	0.500
回收态度（AT）	0.585	10.05	0.000
年龄（AG）	–0.039	–0.83	0.406
学历（ED）	0.059	1.14	0.255
常数项	0.734	2.30	0.022
F 值	41.63		
样本量	747		

（二）间接效应

上述研究显示，学历和社会影响对于消费者的正规回收行为影响并不显著，为进一步验证这是否由于学历（ED）、社会影响（SI）对于消费者的回收意向存在间接效应，本研究进一步采取了中介效应检验模型，验证假设 5 和假设 6。

对于假设 5 的检验，如表 5 – 3 所示，消费者的学历越高，其绩效期望越显著（模型 1），即学历越高的人群对废铅蓄电池回收带来的预期经济收益和环保效益的评估价值更高。相对于模型 3，在模型 4 中加入绩效变量会使消费者的正规回收意向显著性变弱，这意味着消费者学历对行为意向的影响会通过绩效期望间接地表达出来，即实证研究结果表明，消费者的学历越高，其对正规回收的绩效期望越高，越有助于增加其参与正规回收的意愿。

表 5-3　　学历的间接效应实证研究

<table>
<tr><td>模型</td><td colspan="2">模型 2</td><td colspan="2">模型 3</td><td colspan="2">模型 4</td></tr>
<tr><td>因变量</td><td>绩效期望（PE）</td><td>行为意向（BI）</td><td>行为意向（BI）</td><td>因变量</td><td>绩效期望（PE）</td><td>行为意向（BI）</td></tr>
<tr><td rowspan="2">自变量</td><td rowspan="2">学历（ED）</td><td rowspan="2">0.116</td><td rowspan="2">学历（ED）</td><td rowspan="2">0.216</td><td>绩效期望（PE）</td><td>0.664</td></tr>
<tr><td>学历（ED）</td><td>0.144</td></tr>
<tr><td>常数项</td><td colspan="2">4.850</td><td colspan="2">4.720</td><td colspan="2">1.492</td></tr>
<tr><td>F 值</td><td colspan="2">6.71</td><td colspan="2">10.42</td><td colspan="2">34.57</td></tr>
<tr><td>样本量</td><td colspan="2">845</td><td colspan="2">843</td><td colspan="2">843</td></tr>
</table>

假设 6 的检验结果如表 5-4 所示，消费者越容易受到社会影响，其回收态度越积极（模型 5）；进一步地，相对于模型 6，模型 7 中加入回收态度变量后掩盖了社会影响对于消费者参与正规回收意向的影响，也就是说，政府和亲朋邻里对于消费者的影响会以潜移默化的形式影响消费者的回收态度，进而提高消费者参与正规回收的积极性。

表 5-4　　社会影响的间接效应实证研究

<table>
<tr><td>模型</td><td colspan="2">模型 5</td><td colspan="2">模型 6</td><td colspan="2">模型 7</td></tr>
<tr><td>因变量</td><td colspan="2">回收态度（AT）</td><td colspan="2">行为意向（BI）</td><td colspan="2">行为意向（BI）</td></tr>
<tr><td rowspan="2">自变量</td><td rowspan="2">社会影响（SI）</td><td rowspan="2">0.700</td><td rowspan="2">社会影响（SI）</td><td rowspan="2">0.477</td><td>回收态度（AT）</td><td>0.664</td></tr>
<tr><td>社会影响（SI）</td><td>0.046</td></tr>
<tr><td>常数项</td><td colspan="2">1.922</td><td colspan="2">2.682</td><td colspan="2">1.243</td></tr>
<tr><td>F 值</td><td colspan="2">144.65</td><td colspan="2">69.47</td><td colspan="2">126.28</td></tr>
<tr><td>样本量</td><td colspan="2">841</td><td colspan="2">840</td><td colspan="2">839</td></tr>
</table>

五、影响因素的进一步研究

实证研究结果表明，消费者的绩效期望、努力期望和促进条件会对其参与正规回收的意愿产生直接且显著的影响，这三大因素反映到现实生活中就主要体现于消费者的预期经济收益、环保收益以及在此过程中付出的时间成本和经济成本。因此，在问卷调查中，请消费者根据自身经验对回收价格、便捷程度、回收的正规性三大影响因素进行了排序，综合排名来看，便捷程度最为重要，回收价格其次，回收资质是三大影响因素中消费者最后会考虑的因素。

（一）便捷因素

回收的便捷程度是消费者的首要考虑因素，调研发现，80%以上的废铅蓄电池是消费者在保养维修过程中直接卖给/送给了对应的4S店或维修商，对于很多不知道正规回收途径和社区回收点消费者而言，此举显然是最便捷的途径。图5-3调研了消费者未来最愿意接受的废铅蓄电池回收方式，可以看出，经由社区组织回收、销售商/维修商等便捷途径交给正规回收处理企业已经成为广大消费者最期待的方式。

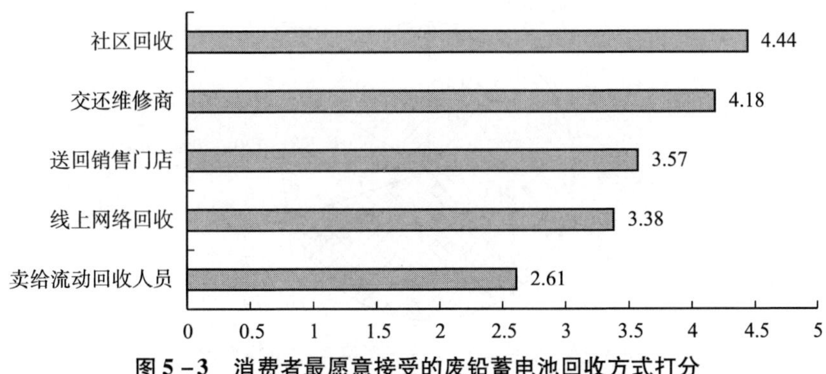

图5-3 消费者最愿意接受的废铅蓄电池回收方式打分

（二）价格因素

仅有25.84%的电动自行车车主在处理电动自行车的废铅蓄电池时没有收取任何费用（如图5－4所示），仅有26.48%的汽车车主免费返还了自己汽车的废启动铅蓄电池（如图5－5所示），价格因素成为继便捷性后消费者着重考虑的第二大因素。在对能够提高消费者回收参与度的打分中也不难发现，“能够取得一定的报酬”是消费者首要考虑的因素（如图5－6所示）。

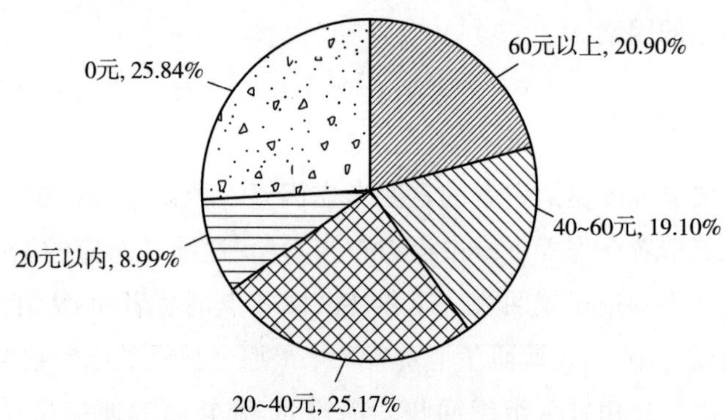

图5－4　消费者售卖电动车废弃电池价格情况

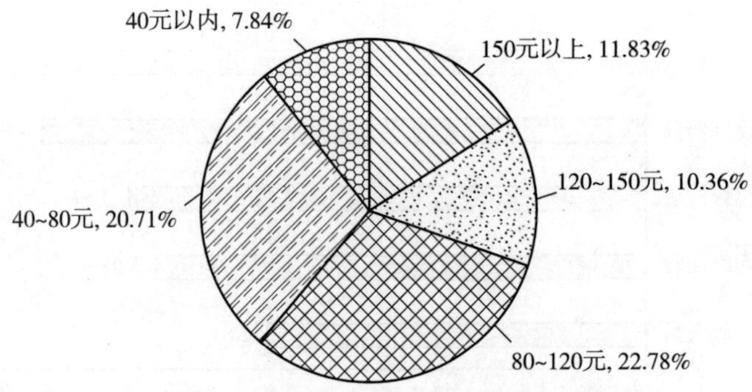

图5－5　消费者售卖汽车废弃电池价格情况

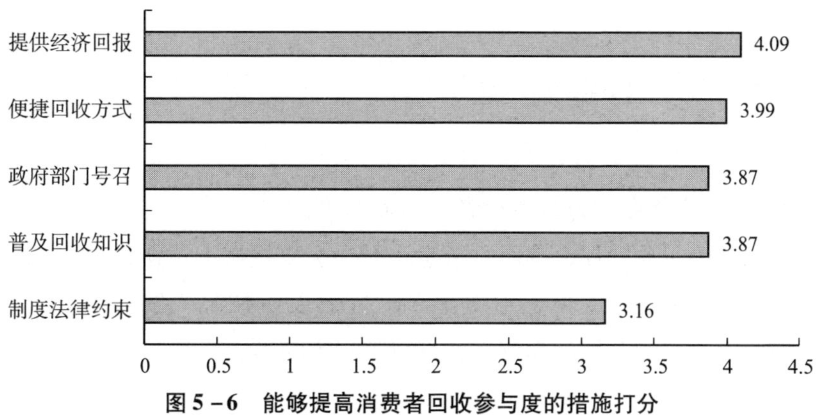

图 5 –6 能够提高消费者回收参与度的措施打分

（三）回收资质

图 5 –7 展示了消费者针对“如果可能，即使价格更低一些，您也更愿意将废铅蓄电池卖给正规回收商而非不正规商贩”的意愿值分布情况，从图中可以看出，近一半消费者对于正规回收的支持程度达 80 分以上，并且，有 80% 的消费者在问卷最后的建议中又明确指出建议“健全并增加正规回收渠道和回收途径”。由此可见，如果建立便捷畅通的回收渠道，消费者是愿意牺牲一定的经济效益来换取废铅蓄电池的安全处置的。

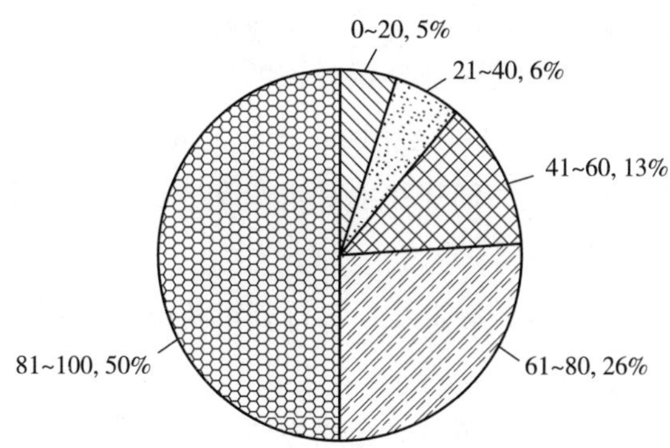

图 5 –7 消费者对正规回收的支持程度

第二节 经销商/维修商回收行为影响因素分析

经销商/维修商作为与消费者保持直接联系的主体，是落实生产者责任延伸制度的重要一环，其回收意愿及行为会直接影响下游消费者的回收行为，同时影响上游回收商/生产者的回收效果。本节对铅蓄电池经销商/维修商的回收行为开展问卷调查，分析其行为的影响因素。

一、研究假设

政策法规对企业的行为有强制性的约束作用，它规定了企业履行废弃产品回收处置的最低责任标准。随着《废弃电器电子产品回收处理管理条例》的颁布出台，企业的废弃产品回收责任得以进一步的明确，一旦企业没有达到回收处置的标准就会受到相应的惩罚，这将对企业的回收行为产生很大的影响。基于此提出假设1。

假设1：政策法规对于企业是否履行废铅蓄电池回收处置责任有着显著影响。

一般地，政策法规只是限制了企业参与回收的最低标准，而企业回收责任履行的程度和质量却受企业环保意识的直接影响。此外，供应链上的关联企业环保意识的高低也对企业回收责任的履行起到限制和约束作用，上游的供货商和下游的销售商往往也对企业有进行废弃产品和原料回收处置的要求。因此提出假设2。

假设2：环保意识对于企业是否履行废铅蓄电池回收处置责任有着显著影响。

按照西方主流经济学的观点，企业生产经营的目的是追求自身利益的最大化①，因此在履行废铅蓄电池回收处置责任的时候，必然会考虑实施成

① 即利润最大化原则，参见 https：//wiki. mbalib. com/wiki/%E5%88%A9%E6%B6%A6%E6%9C%80%E5%A4%A7%E5%8C%96。

本带来的影响。按照延伸生产者责任的要求，企业废铅蓄电池回收处置成本要上溯到产品回收处置成本的设计阶段，包括了产品生命周期的整个过程，企业获得废铅蓄电池的运输成本在整个生命周期环节占有重要地位。上述成本的支出和摊派直接影响企业履行废铅蓄电池回收处置责任的积极性，一定程度上也反映了废铅蓄电池回收处置的效率和效果。因此提出假设3。

假设3：回收处置过程中的运输成本对于企业是否履行废铅蓄电池回收处置责任影响显著。

回收的不确定性是企业逆向物流实施所面临的最大障碍，它很大程度上是消费者的回收行为造成的。消费者的回收习惯的多样性直接影响着废弃产品的回收在时间和地点上的不确定性，消费者的付费意愿的不同又决定了废弃产品回收数量的不确定性，这些都会对企业废弃产品回收责任的履行产生重大影响。因此提出假设4。

假设4：消费者参与回收的行为特征影响生产企业是否履行废弃产品回收责任。

二、问卷调查

（一）问卷设计

从回收处理责任、鼓励消费者返还行为和开展回收业务三个维度，对经销商及维修商的回收行为进行调查，问卷具体内容如表5－5所示。

表5－5　　经销商/维修商回收行为问卷设计

变量		问卷测量项目
因变量	以经销商/维修商在废铅蓄电池回收处理责任为因变量	
自变量	回收问题关注度	请问贵店对废铅蓄电池的回收处理问题的关注程度如何
	法律法规了解度	请问贵店是否了解并始终践行废铅蓄电池回收相关法律法规
	承担运输成本意愿	请问贵店是否愿意在回收废铅蓄电池过程中承担所需的仓储和运输成本

续表

变量		问卷测量项目
因变量	以经销商/维修商鼓励消费者返还废铅蓄电池为因变量	
自变量	废铅蓄电池的危害告知	请问贵店是否会在销售过程中告知消费者废铅蓄电池的危害
	回收鼓励行为	请问贵店是否会在销售过程中鼓励消费者返还废铅蓄电池
	回收问题关注度	请问贵店对废铅蓄电池的回收处理问题的关注程度如何
	环保属性认知度	请问贵店对铅蓄电池产品的环保属性认知程度如何
因变量	以经销商/维修商开展废铅蓄电池回收业务为因变量	
自变量	鼓励回收行为	请问贵店是否会在销售过程中鼓励消费者返还废铅蓄电池
	废铅蓄电池的危害告知	请问贵店是否会在销售过程中告知消费者废铅蓄电池的危害
	回收渠道不通畅	请问贵店是否认为目前废铅蓄电池回收过程中存在回收渠道不通畅的问题
	交还过程不顺畅	请问贵店回收的废铅蓄电池是否难以找到并交还废铅蓄电池给正规的回收商或铅蓄电池原厂家

（二）问卷调查

为保证问卷的合理性，对电动自行车和汽车4S店的经销商/维修商进行问卷调查，共收回有效问卷88份，各省份回收抽样比例图5－8所示，具体为山西23份，河北16份，天津18份，山东17份，北京14份，避免了问卷来自同一地区对随机抽样结果的影响。在本次抽样调查的经销商/维修商中，每年回收的废铅蓄电池量占铅蓄电池销售量的比例10%及以下的经销商/维修商达到了75%左右，可见总体来看，经销商/维修商铅蓄电池回收率呈现低态势。

（三）问卷质量分析

为了确保问卷的可信性和可靠性，需要对问卷整体和各个测量条目做信度和效度检验。本书主要采用Cronbach'α值来衡量各变量的信度。若

Cronbach'α 值大于 0.6，则说明各变量的测量指标具有很好的内部一致性。在初始信任模型中，问卷整体的 Cronbach'α 值为 0.730，大于 0.6，说明问卷整体的信度较好。通过上述问卷数据信度效度的分析可以看出，问卷结果是可信的、有效的，适用于数据分析。

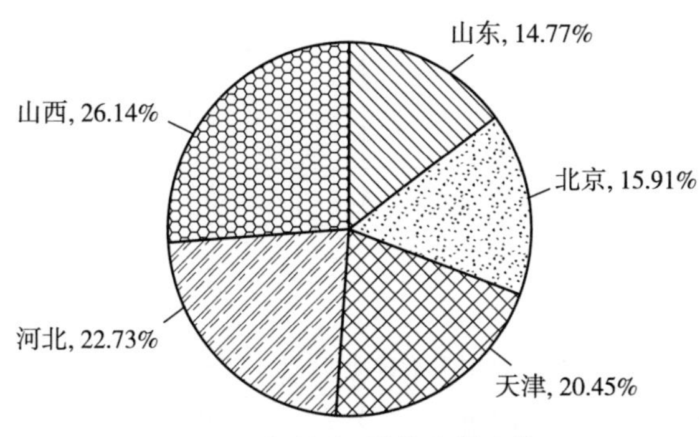

图 5-8　经销商/维修商样本情况

三、实证分析

为检验前述假设，了解回收责任的履行、实际工作的开展以及对消费者废铅蓄电池交换的积极鼓励的意向，分别以回收问题的关注度、法律法规的了解度、承担运输成本的意愿等为自变量，以与之相对的回收责任的履行、回收工作的开展以及回收对象的积极鼓励为因变量，进行实证分析，结果如表 5-6 所示。

表 5-6　　经销商/维修商回收行为意向回归分析结果

结果 1	以经销商/维修商在废铅蓄电池回收处理责任为因变量的回归分析		
自变量	Beta 系数	t 值	Sig
常数项	14.527 (6.567)	2.212	0.03
回收问题关注度	0.278 (0.087)	3.190	0.002

续表

结果1	以经销商/维修商在废铅蓄电池回收处理责任为因变量的回归分析		
自变量	Beta系数	t值	Sig
法律法规了解度	0.260 (0.092)	2.836	0.006
承担运输成本意愿	0.275 (0.106)	2.582	0.012
样本量	88	—	—
R^2	0.272		
调整R^2	0.255		
F值	15.908		
结果2	以经销商/维修商鼓励消费者返还废铅蓄电池为因变量的回归分析		
自变量	Beta系数	t	Sig
常数项	16.911 (10.329)	1.637	0.106
废铅蓄电池的危害告知	0.501 (0.093)	5.319	0.000
回收鼓励行为	0.173 (0.082)	2.116	0.038
回收问题关注度	0.199 (0.099)	2.014	0.048
环保属性认知度	0.217 (0.113)	1.919	0.059
样本量	88	—	—
R^2	0.639	—	—
调整R^2	0.558	—	—
F值	7.870	—	—
结果3	以经销商/维修商开展废铅蓄电池回收业务为因变量的回归分析		
自变量	Beta系数	t	Sig
常数项	45.678 (13.284)	3.439	0.001

续表

结果 3	以经销商/维修商开展废铅蓄电池回收业务为因变量的回归分析		
自变量	Beta 系数	t	Sig
鼓励回收行为	0. 189 (0. 111)	1. 689	0. 094
废铅蓄电池的危害告知	0. 333 (0. 123)	2. 710	0. 008
回收渠道不通畅	0. 537 (0. 134)	4. 009	0. 000
交还过程不顺畅	0. 267 (0. 115)	2. 332	0. 023
样本量	88		
R^2	0. 457	—	—
调整 R^2	0. 344	—	—
F 值	4. 035	—	—

从模型分析结论可以看出，企业是否履行回收责任与政策法规之间的解释系数，达到0. 260，说明政策法规对企业有效地实施废弃产品的回收处置至关重要。政策法规对企业行为的约束具有强制性，通过完善相关政策法规体系，明确规定企业在废弃产品回收中的责任与义务，是促进企业履行废弃产品回收责任最有效的途径。

其次，企业的环保属性认知度对是否鼓励消费者返还废铅蓄电池的解释系数达到0. 217，说明企业的价值理念中是否具有绿色环保的理念，对于企业能否积极地鼓励消费者对废铅蓄电池进行返还，保障废铅蓄电池有效的回收有着重要影响，这里的企业不仅仅限于生产企业本身，还包括供应商、分销商等整个供应链上的企业。承担运输成本的意愿对于履行回收责任的影响系数为0. 275，说明成本的大小直接影响了生产者履行责任的意愿与效率。同时，研究结果显示，消费者的返还意愿越强烈，企业的回收意愿也更强烈。因此假设 1 ~4 得到验证，回收行为意向关系图如图 5 -9 所示。

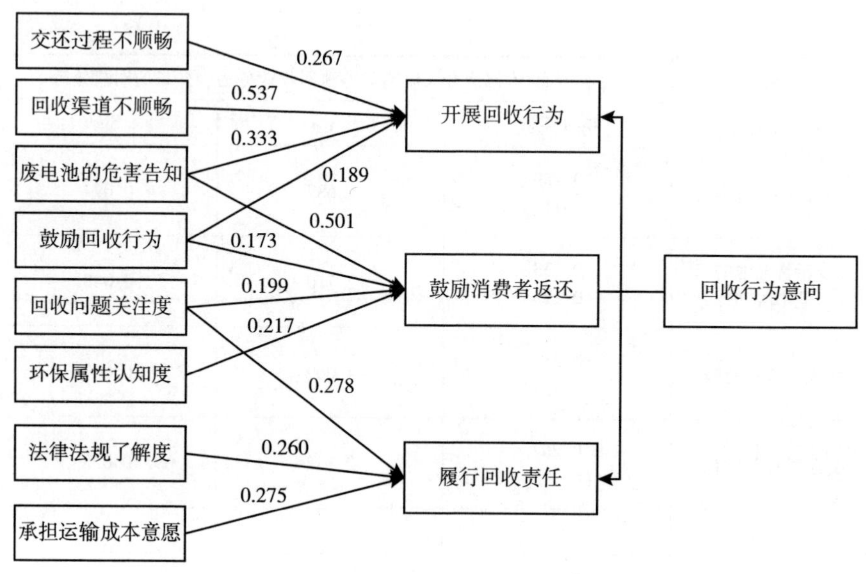

图 5－9　经销商/维修商的废铅蓄电池回收行为意向模型

四、影响因素的进一步研究

（一）价格因素

对经销商/维修商回收行为的影响因素进行排序（如图 5－10 所示），可以发现，绝大多数经销商/维修商重点关注价格因素，认为提高废铅蓄电池的回收价格可以有效促进废旧铅蓄电池的有效回收。在回收过程中，无论是针对消费者还是经销商/维修商，废铅蓄电池的回收存在着双重的激励作用。对消费者而言，废旧铅蓄电池价格的提高可以倒逼其将已经废弃的铅蓄电池转卖给经销商/维修商，从而降低首次购买成本；对于经销商及维修商而言，回收价格的提升可以有效提高回收积极性，经销商/维修商将回收到的废铅蓄电池统一转交给废铅蓄电池生产企业或者再生铅生产企业等，存在较大利润空间，可以使其成为店铺经营收入的重要组成部分，从而提高废铅蓄电池的回收率。

（二）法规因素

政府的政策法规因素为经销商及维修商对废旧铅蓄电池回收过程中考虑的第二关注点。当前，废铅蓄电池回收过程中，仍存在部分非法、不合规的回收行为，抑制着经销商/维修商进行废铅蓄电池的正常回收，对个体私营商贩、大回收商等违法回收处置废铅蓄电池的处罚力度不够，或者罚款为主，处罚较轻，企业和个体商贩违法成本较低，也就难以从根本上打击整条灰色回收产业链上最活跃的主体。从调查结果可知，经销商/维修商对于政府的政策法规因素规范废铅蓄电池回收市场和提高回收效率具有较高的认可度。

（三）其他因素

从回收废旧铅蓄电池行业角度来看，铅蓄电池的回收难易程度、回收者的环保水平以及整个行业和企业的倡导力度都是影响经销商、维修商对废旧铅蓄电池进行有效回收的影响因素。其中回收废铅蓄电池的难易程度主要受消费者回收积极性影响，以及在整个回收过程中存在的技术问题、消费者对于废铅蓄电池回收的不重视、铅蓄电池非法回收行为或者丢弃行为造成的环境危害行为认识不足都大大降低了经销商/维修商的有效回收效率，同时也提高了回收铅蓄电池的难度。同时，部分维修商/经销商在面对回收到的电池进行二次利用时，面临一定的技术问题，无法对部分电池进行充分的回收利用，这也很大程度上打击了经销商/维修商的回收积极性。废铅蓄电池回收者的环保水平作为影响经销商/维修商提高废铅蓄电池回收率的第四大因素，环保水平的高低直接影响回收率，维修商/经销商对于废铅蓄电池环保水平的认知，很大程度上影响着其对于回收废铅蓄电池的重视程度。

同理，对经销商/维修商认为的有助于提升废铅蓄电池回收率的有效途径进行排序（如图 5 – 11 所示），可以发现，他们普遍认为提升回收价格、推出“以旧换新”“折价回收”等活动以及补贴等激励政策的支持，将会促使他们提升废铅蓄电池合理的回收利用的积极性，这三点显示经济因素依然是经销商/维修商所关注的最重要因素。此外，整个回收链条中其他参与主体的积极性以及更加畅通的回收模式和回收渠道均是提升废铅蓄电池回收的重要途径。

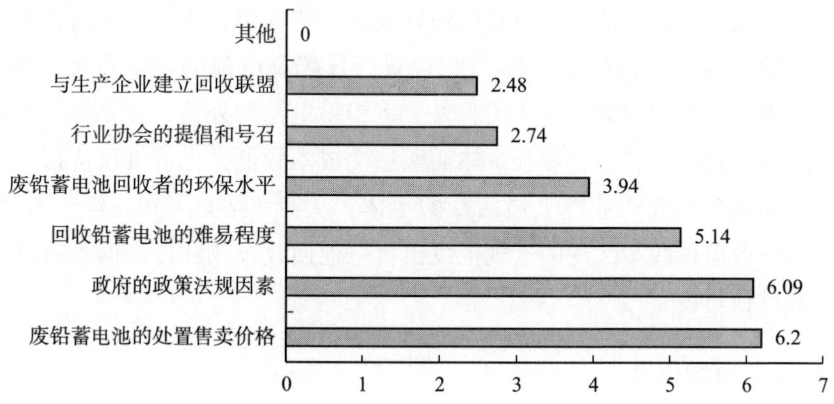

图 5-10　经销商/维修商在废旧铅蓄电池回收过程中的关注点

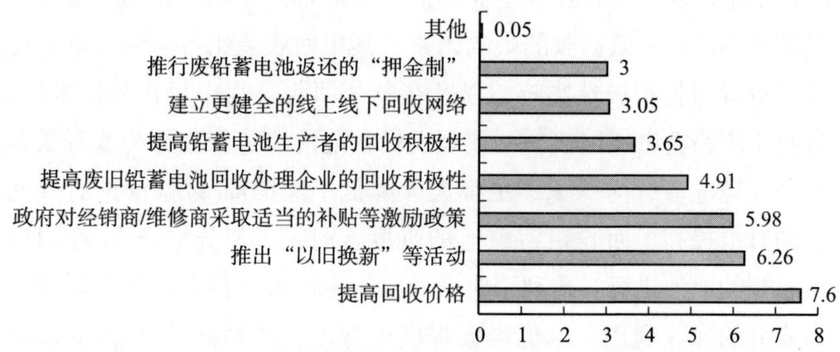

图 5-11　经销商/维修商认为提高废铅蓄电池回收率的有效途径

第三节　回收商回收行为影响因素分析

回收商既要从消费者、经销商、维修商手中回收废铅蓄电池，又连接着下游再生铅企业和需要回收废铅蓄电池的生产企业，是整个铅蓄电池回收利用过程中的重要环节。本节将以回收商作为研究对象，深入调研废铅蓄电池回收的资质审批、回收、存储、运输、再销售等各个阶段，探究影响回收企业回收率的主要因素。

一、调研企业

为充分反应调研的客观性和科学性，调研选择东中西部不同地区的企业开展调研。如图 5－12 所示，本次调研选取了来自四川、江苏、浙江、河南、湖北的 17 家典型回收企业进行分析。

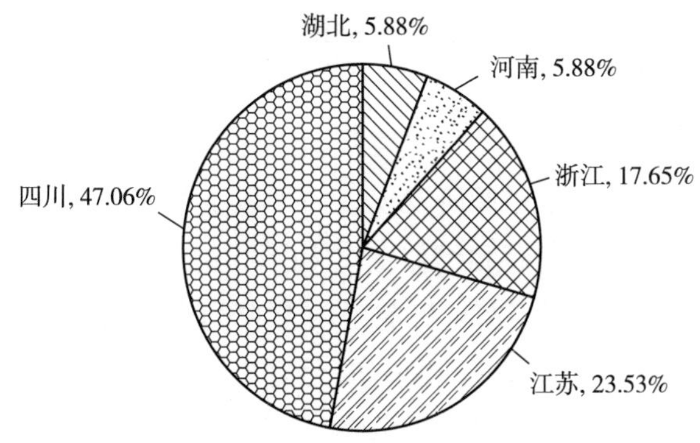

图 5－12　回收商样本地域分布概况

二、回收企业影响因素分析

（一）资质审批

我国当前的废旧铅蓄电池回收尚未形成较为规范的回收市场，回收主体多且分散，规模较大的正规回收公司较少，并且没有企业形成全国性或者区域性的回收网络。收集的对象为日常修理、换购产生的汽车及电动车完整的废铅蓄电池，未破损的密封式免维护废铅蓄电池、开口式废铅蓄电池，破损的密封式免维护废铅蓄电池。

从回收资质来看，完成整个“废铅蓄电池收集许可证”的审批流程一般需要 1～3 年，并且绝大多数企业都只在自己所在省份具有回收资质，调研对象中仅有一家企业有全国 31 个省份的回收资质。对于回收企业而言，回收资质的审批并非影响企业回收率的主要因素，而大量的非正规竞争者的存在却是影响整个市场无序竞争的主要原因。因为废铅蓄电池回收价值较高，许多无证回收的非正规企业宁愿冒法律的风险来获得较高的经济利益，但是这些非正规回收企业“作坊式”回收方式往往会造成较为严重的污染问题。因此有许多回收企业建议提高“废铅蓄电池收集许可证”的准入门槛，建立更加规范化的回收市场，以提高仓库建设标准为基础，向拥有社会担当和大规模处置能力的大型冶炼企业审批铅蓄电池回收资质，既可以减轻政府环保部门的压力，也有利于避免恶性竞争，大型企业对回收体系的集约化生产管理，促进回收专业化水平的提升。

（二）回收

对回收企业的回收渠道调研发现，一半以上的废铅蓄电池来自于个体回收商，其次是来自经销商和维修商（如图 5 - 13 所示），从消费者手中直接回收的比例不足 5%，这与目前国内存在的废铅蓄电池回收渠道不健全、个体游动回收散户众多等问题有极大关系。

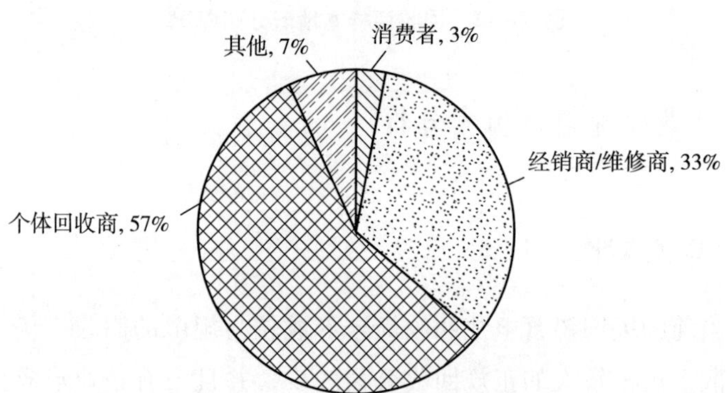

图 5 - 13　不同回收渠道收集废铅蓄电池占比

在废旧铅蓄电池的回收过程中，大部分正规企业会采取一定的环境保护措施，但市场上仍旧存在大量不规范的小作坊式的回收工厂，这部分回收工厂会以高于正规企业的价格收购废铅蓄电池，导致正规企业缺乏原材料。由于不正规小作坊式的回收工厂在回收废旧铅蓄电池时出价较高，很多个体废品收购者在处理废旧铅蓄电池时，经常直接将其销售给非正规小作坊式的回收工厂或者地下铅冶炼厂，来获取更大利益。不论是非法的废铅电池回收商和未在册的“土窑”炼铅厂的存在，以及部分在册企业随意拆卸电池、倾倒废酸、随意排污的行为，还是个体废品收购者直接将废铅蓄电池销售给地下铅冶炼厂的行为，背后的主要原因在于利益驱动。研究显示，正规回收企业的单位回收成本在7000元/吨，再加上存储、运输的成本，8000元/吨的平均销售价格显然很难实现盈利，甚至有些企业出现了亏损。图5－14展示的回收企业反映的主要问题也显示，由于非正规回收企业成本优势的存在，正规回收企业为维持生存发展就不得不寄希望于政府的政策优惠。

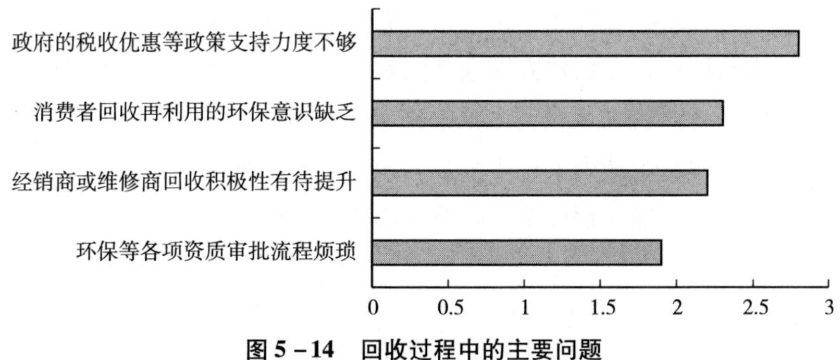

图5－14 回收过程中的主要问题

注：图中坐标轴数字代表相对严重程度（无单位），即数字越大，意味着该问题越严重。

尽管我国已出台不少相关的政策法规，但由于相互不配套并缺少回收技术规范，直接影响了正规企业的回收处置行为。许多生产企业都有建立回收企业的意向，但是由于手续复杂、投入过高、成本高昂、原料来源没有保障等原因不敢轻易冒险。而监管和惩罚力度不强致使不少非法企业入市。由于缺乏有效监管和强有力的惩罚约束，对个体私营商贩、大回收商等违法回收处置废铅蓄电池的处罚力度不够，惩罚多以几十万元罚款为主，处罚较轻，企业和个体商贩违法成本较低，使得个体私营商贩、非法回收商及非法冶炼者有可乘之机，难以从根本上打击整条灰色回收产业链上最活跃的主体，导致违法经营和无序竞争现象严重。由于非法回收渠道和网络的存在，废铅蓄电池回收市场上“劣币驱逐良币”的现象屡见不鲜，整治非法回收渠道已经刻不容缓。

（三）存储与运输

对回收企业的调研发现，所有企业均设有废铅蓄电池的集中库或暂存库，这些企业在存储方面不存在太大难题。然而，大部分地方政府在接纳旧铅蓄电池暂存库（集中库）项目落地及建设时都要求在当地注册公司并纳税，但由于暂存库（集中库）仅从事废旧电池贮存业务，对当地的税收、就业没有太大促进作用，很多地方并不乐意接受该类项目入驻，造成项目落地困难。

在运输方面，70%以上的企业都存在跨省转移业务，这些企业中的90%都反映存在跨省转移业务耗时长、成本高的问题（如图5－15所示）。在实际地方执法中，多数地方管理部门对于持有铅蓄电池危险废物综合经营许可证的企业原料（废铅蓄电池的来源、数量等）均予以限制，实际办理跨省转移联单从申请到审批手续异常复杂、耗时漫长，运输成本高。不少企业呼吁豁免运输车辆要求，降低企业转移运输成本和时间压力。

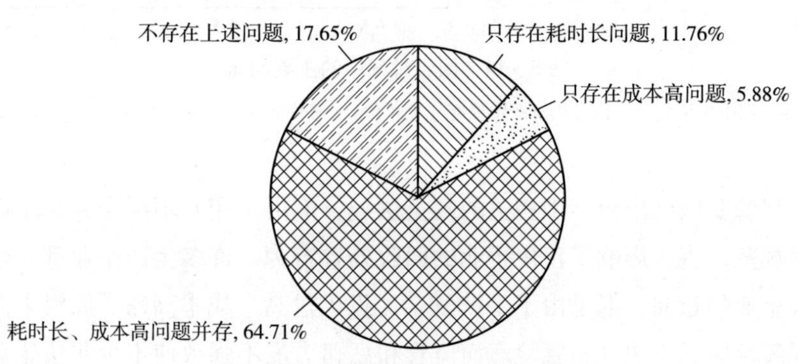

图5－15　跨省转移业务中存在的问题

（四）再销售

回收企业收集的废铅蓄电池中有60%的比例销售给了再生铅企业，18%的比例销售给铅蓄电池生产企业，另外还有19%的比例销售给了下游规模更大的回收企业（如图 5－16 所示）。

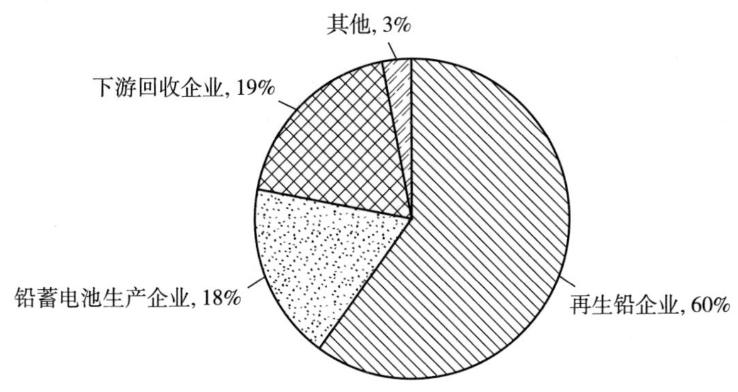

图 5－16　不同类型下游企业占比

企业在销售过程中最主要考虑的因素是对方是否具有回收资质，一方面具有回收资质的大企业能够尽量减少废铅蓄电池的资源浪费和环境污染，回收过程中的破损率一般控制在 5% 以内；另一方面这些正规的大型企业信誉良好，资金结算也更具有保障。目前，大部分回收企业的年均回收量在 1 万～2 万吨之间，与平均每年 260 万吨的废铅蓄电池产生量仍然存在巨大差距，若采取有效措施保障正规回收企业提高回收效率，预计能够有效促进整个废铅蓄电池回收链条的通畅。

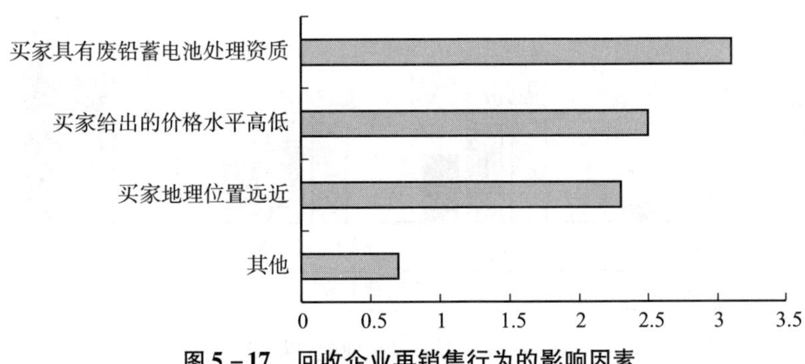

图 5－17　回收企业再销售行为的影响因素

注：图中坐标轴数字代表相对重要程度（无单位），即数字越大，意味着该影响因素越重要。

第四节　再生铅企业回收利用行为影响因素分析

铅作为铅蓄电池的主要原料之一，占电池总重量的70%，从废铅蓄电池中提取的再生铅的铅含量高达98%，而我国85%以上的再生铅原料均来源于废铅蓄电池①，因此再生铅企业的回收行为在很大程度上影响废铅蓄电池回收利用体系的运行。本节对再生铅企业展开调研，分析影响其回收行为的因素。

一、调研企业

本节选取4家典型再生铅企业进行调研，这些企业运用废铅蓄电池生产再生铅，对其进行分析有助于理解铅蓄电池处置主体的行为影响因素。这些企业的废铅蓄电池原料约有40%由本企业自行回收，60%来源于上游回收企业，年均回收量最小有8万吨，最大为85万吨，每处理1吨废铅蓄电池大约能够生产出0.65吨再生铅（如图5－18所示）。

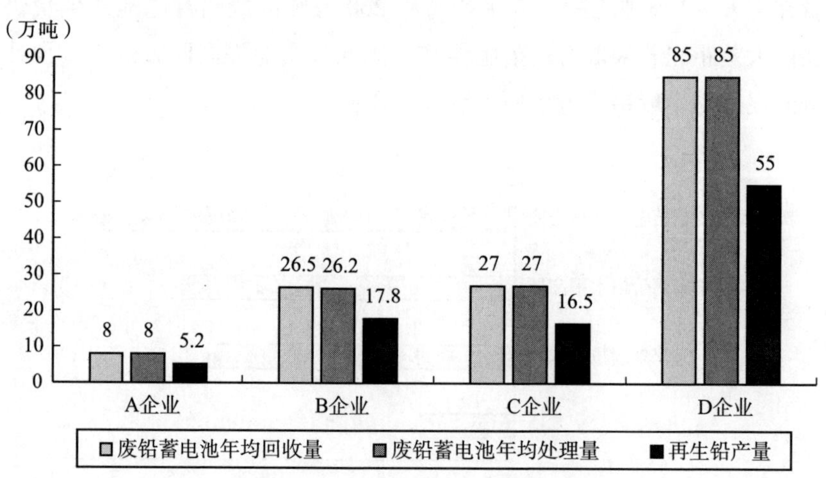

图5－18　再生铅企业生产概况

---

① 我国再生铅行业现状及趋势　产量将持续增长　落后产能将被逐步淘汰［EB/OL］．观研报告精选，https：//www.sohu.com/a/580786126_121308599.

二、再生铅企业行为影响因素分析

（一）处置能力过剩

在调研的 4 家企业中，有 3 家反映存在处置能力过剩的问题。目前，我国再生铅原料主要来自废铅蓄电池，然而目前国内每年至少超过 60% 的废旧铅蓄电池流入了非正规渠道，严重阻塞了再生铅企业的原料供应，导致实际处置量与产能之间存在较大的差距。研究发现产生该现象的原因主要有五点：一是受非法再生铅产业链的影响较大；二是目前的税收政策尚待完善；三是企业本身的运营成本较高；四是企业在生产过程中面临着较大的环保压力；五是目前行业整体产能过剩的局面，最终导致再生铅企业开工率不足，处置能力闲置状况时有发生。因此，建立畅通的正规回收渠道、加大对非法再生铅企业的处罚力度、对高标准企业进行税收优惠等政策支持，能够有效提高正规再生铅企业的市场竞争力，提高企业的回收处置效率。

（二）环保成本占比大

如图 5－19 所示，再生铅企业的成本主要发生在回收、存储、转移、处理再利用四个环节，其中处理再利用是成本发生的核心环节。正规企业要在环保、设备、技术等方面投入，加上管理等其他费用，导致正规回收企业处理成本高，缺乏市场竞争力。国内建成一个正规 5 万吨再生铅产能的铅蓄电池回收再生企业，投资至少 2 亿元，其中机械拆解装置约 5000 万元，熔炼炉约 6000 万元，除尘、水处理装置约 6000 万元，还需土地、厂房建设等费用①。此外，每吨再生铅纳税 2000 多元，环保成本也近千元。正规企业处理 1 吨铅蓄电池的成本在 3500～4000 元/吨，而个体户或私自经营的小企业不纳税、不需要环保投入、不顾及工人安全，拆解成本仅有

---

① 废旧铅酸电池回收现状及问题解决方案［EB/OL］. 山东省循环经济协会官方网站，http：//www. sdcyc. com/newsshow. php？ cid＝5&id＝1244.

几百元。目前，废旧铅蓄电池回收价格约为9000元/吨，冶炼出售的铅锭价格超过18000元/吨。

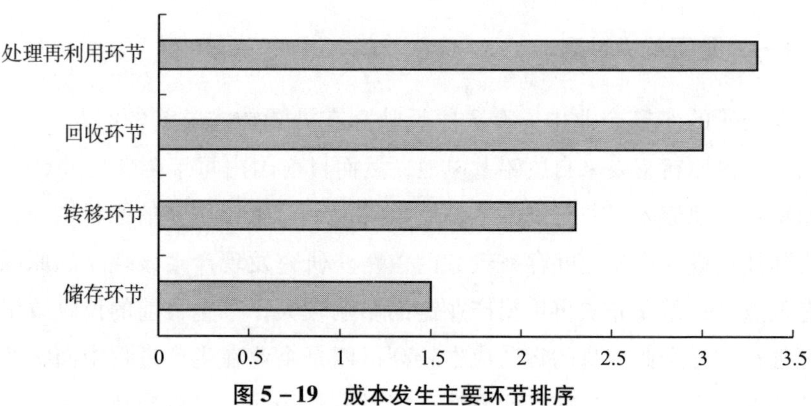

图5-19　成本发生主要环节排序

注：图中坐标轴数字代表相对程度（无单位），即数字越大，意味着该环节发生的成本越高。

对于国内设备比较先进、工艺比较成熟的企业来说，铅蓄电池的再利用率可达到98%以上。据统计，我国部分采用先进装备和工艺的优势企业，铅回收率高达99%以上，超过发达国家铅回收率98%的水平。但非法冶炼的“三无企业”综合利用率低，一般仅有80%~85%，最高不超过90%，致使全国每年有近16万吨铅在非法冶炼过程中流失，成为污染源以及人们健康的严重风险源。每吨废旧铅蓄电池中，铅金属占比约为63%，塑料占比7%，其余为铅酸液。铅、塑料均可回收。非法拆解点不顾及环保、税收等因素，每出售1吨铅锭的牟利空间高达2000多元。而非法回收、冶炼的蓄电池利益链，还造成每年税收损失近150亿元。因成本低，非法企业往往在回收电池时抬高价格，出售铅锭时压低价格，使正规企业两头受挤压。环保成本过大的问题已经成为影响再生铅企业高质量可持续发展的重要因素。

第五节　生产者回收利用行为影响因素分析

德国、美国等废铅蓄电池回收利用较好的国家通过彻底落实生产者责任延伸制度，实现了铅蓄电池的“销一收一”。由于我国当前的法律体系尚未完善，对生产者的责任约束仍显乏力，而生产者作为产业链中的第一环，其产品生产标准、溯源系统及应落实的回收责任等均是影响废铅蓄电池回收利用的重要因素。本节对4家铅蓄电池生产企业开展调研，实证分析生产者回收行为的影响因素。

一、调研企业

本节选取4家典型铅蓄电池企业进行调研。如图5－20所示，4家企业年均总产量约1.5亿千伏安时，产销率在96%以上，能够覆盖全国65%以上的产能。在废铅蓄电池的回收再利用方面，4家企业年均安全处理能力约为8000万千伏安时，每年回收处理的废铅蓄电池总计在100万吨以上，生产中使用再生铅的比例在40%～90%之间。

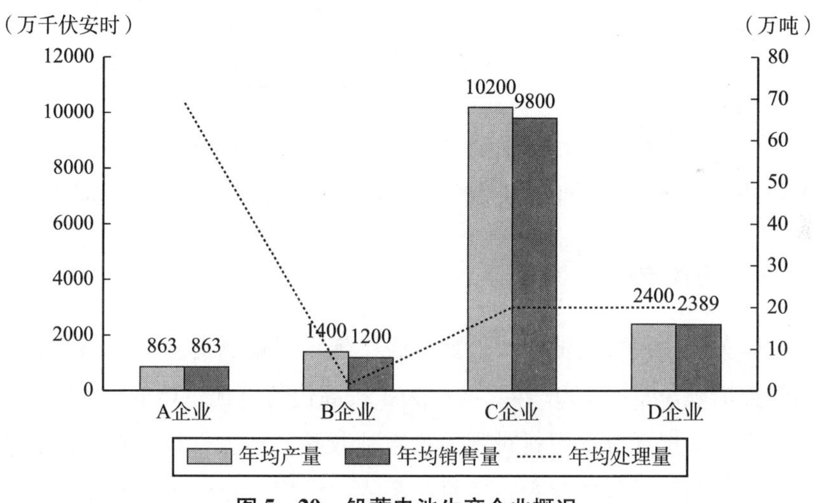

图5－20　铅蓄电池生产企业概况

二、生产企业影响因素分析

在生产者逆向回收模式中，铅蓄电池生产者是回收利用行为的责任主体以及回收终端。铅蓄电池生产企业有必要利用销售渠道建立废铅蓄电池逆向回收机制，并与符合有关要求的再生铅企业共同建立废铅蓄电池回收处理系统，在生产电池时附着电池的统一标识，便于消费者根据标识以规范环保的路径交回废旧电池。如图 5－21 所示，对生产企业回收过程中的主要影响因素进行调研发现，目前的主要因素有三个：资质审批流程复杂、政府政策支持力度、非法产业链的影响。

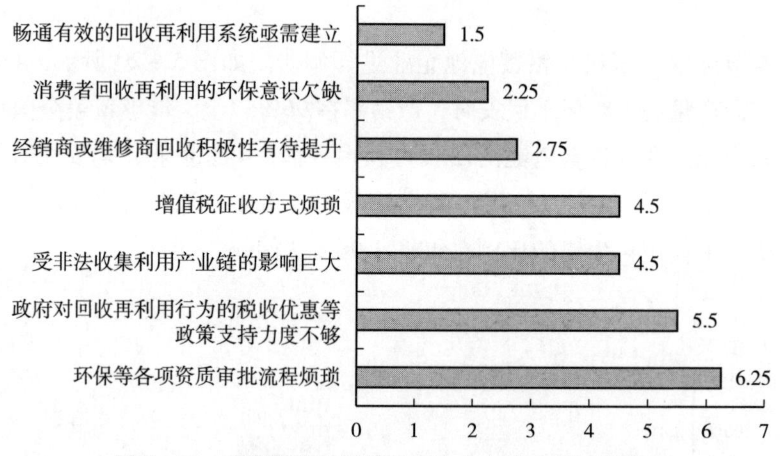

图 5－21　废铅蓄电池回收过程中存在的主要问题排序

注：图中坐标轴数字代表相对严重程度（无单位），即数字越大，意味着该问题越严重。

（一）资质审批

我国关于废铅蓄电池回收处置的法律规章政策都对生产者行为设置了严格管控措施。早在 2007 年，我国为了提高铅蓄电池生产的准入门槛，国家发改委和环保部等部门就对废铅蓄电池收集、运输、再生产、综合利用等各环节均制定了具体导则。然而在实践中发现，办理“废铅蓄电池收集许可证”前需办理环评手续、环境应急预案手续等，前期各手续历时时间在半年到 1 年，其间库房均处于闲置状态，耗时长，成本高。许可证从申请到办理完成一般需要 1 ~3 年的时间①，如果能够简化“废铅蓄电池收集

① 手续及许可证办理时间为课题组访谈企业时了解。

许可证”的审批流程，将对提高本企业废铅蓄电池回收利用率产生显著影响。

（二）政策支持

第一，在废铅蓄电池回收环节，由于全生命周期追溯体系仍处于示范应用阶段，尚未在全国统一大市场推广，因而对于销售给铅蓄电池零售商、批发商的电池追溯回收行为饱受非法商贩侵害。相关环境经济政策难以保障铅蓄电池生产者的合法回收权益，生产者通过正规途径回收的环境治理设施成本、环保成本要远远高于非法处理作坊，近年来增值税退税政策的弱化也使得正规回收处理的成本增加。

第二，在废铅蓄电池储存环节，生产企业回收暂存库建设困难。由于废铅蓄电池属于危险废物，几乎全国各地都对废旧铅蓄电池暂存库（集中库）选址做出了硬性要求，即必须位于化工园区或循环经济产业园。但目前很多城市并没有规划类似的园区，实际操作中经常出现无法选址的“窘境”。

第三，在废铅蓄电池的运输环节，全国有资质的危险废物运输车辆和企业较少，完成整个运输环节耗时长、成本高。正规回收企业使用危废运输车辆运输的成本一般为普通货车的 2 倍以上，部分省市运输费用高达 450 元/吨，这就导致回收企业基本处于资金倒贴状态。然而，一般情况下，完整的不富液废铅蓄电池与新电池基本无异，运输风险较低，增加合格运输车辆数量或放宽一定的运输车辆要求限制对于降低企业运输成本具有较好的帮助。

第四，在产品销售环节，2016 年国家正式推出铅蓄电池生产企业的电池消费税（4%）目的在于约束非正规主体从而减少污染现象，在政策实际运行过程中，却对正规企业产生了过大的约束。以骆驼股份为例，2016 年在国家对铅蓄电池征收 4% 消费税因素影响下，公司消费税上缴高达 1.96 亿元，政策实施后净利润同比下降 11%①。

① 东兴证券．骆驼股份：消费税致净利润下滑，传统业务格局向好［EB/OL］. https://pdf.dfcfw.com/pdf/H3_AP201704100492557675_01.pdf.

（三）非法产业链影响

2012 年，工信部和环保部联合制定了《再生铅行业准入条件》，环保执法力度持续加强，但被关停取缔的非法企业仍有可能重返市场，因而正规企业在面临严格管控的同时，也面临着不公平的恶性竞争，极大挫伤了生产企业建设完善的回收体系并提高效率的积极性。

第六节 小　结

本章综合分析了废铅蓄电池回收过程中各行为主体的影响因素，具体内容如表 5－7 所示。

表 5－7　废铅蓄电池回收利用主体行为影响因素

行为主体	行为主要影响因素
消费者	1. 便捷程度 2. 回收价格 3. 回收资质
经销商/维修商	1. 价格因素 2. 法规因素 3. 回收的难易程度
回收商	1. 资质审批 2. 回收价格 3. 非法产业链的影响
再生铅企业	1. 非法产业链的影响 2. 处置能力过剩 3. 环保成本占比大
生产者	1. 资质审批 2. 政策支持 3. 非法产业链的影响

对于消费者而言，首要考虑的是返还废铅蓄电池的便捷程度，经由社区组织回收、销售商/维修商等便捷途径交给正规回收处理企业已经成为广大消费者最期待的方式；其次是回收价格和回收资质，与废铅蓄电池本身的高价值性和高污染性相符，消费者在回收过程中关注到了铅蓄电池本身的回收价值以及其在非法回收处理过程中可能产生的污染问题。

对于经销商/维修商而言，价格因素是回收废铅蓄电池的主要考虑因素；其次是政策法规因素，加大对非法回收处置的执法力度有助于经销商/维修商参与正规回收；最后，回收本身的难易程度也是影响经销商/维修商回收的主要因素，这一因素又进一步受到消费者的积极性、企业的倡导力度和行业的环保水平等因素的影响。

对于回收商而言，为进入规范的回收市场，需要申请废铅蓄电池收集许可证、跨省转移联单、废铅蓄电池暂存库等资质审批，审批流程较长，是影响回收商回收的主要因素之一。此外，回收价格和非法产业链的影响也对回收商的回收效率具有影响。

对于再生铅企业，受非法产业链的影响，再生铅企业回收到的废铅蓄电池量少，导致处置能力过剩，加之正规回收处理的环保成本较大，再生铅企业可持续发展面临较大压力。

对于生产者而言，同样面临资质审批和非法产业链的影响，而政府对正规回收的税收补贴等政策支持力度，也影响生产者回收的积极性。

基于上述分析，本书接下来将针对生产者主体行为做重点分析，研究EPR 制度下的最优回收利用模式选择。

第六章

EPR制度下最优回收利用模式研究

在分析生产者、消费者、分销商/维修商等相关主体回收行为影响因素的基础上，本章从铅蓄电池生产者出发，进一步研究EPR制度下的最优回收利用模式，分析生产者在生产与回收、转移与处理两个环节的偏好；在此基础上，分别对回收率最大化、生产者利润最大化和政府奖惩机制作用三种不同条件下的回收利用模式进行综合对比。

第一节　铅蓄电池生产者偏好分析

按照《铅蓄电池回收利用管理暂行办法（征求意见稿）》，国家实行铅蓄电池回收目标责任制（生产者责任延伸制度的一种），铅蓄电池生产企业应通过自主回收、联合回收和委托回收等方式，实现国家确定的回收目标。那么，在铅蓄电池回收利用实践过程中，生产者实际偏好是怎样的呢？在生产和回收阶段、转移与处理阶段，生产企业又面临着怎样的选择？了解生产者在回收利用过程中的偏好模式，掌握其间存在的问题，可以更好地推进生产者履责行为实施。为找到上述问题的答案，我们对分别来自浙江省杭州市临安区、河北省保定市竞秀区、湖北省襄阳市樊城区和浙江省湖州市长兴县的A、B、C、D 4家企业进行了调研，本节基于铅蓄电池生产企业回收利用行为的调查问卷数据，对企业生产经营、回收存储、转移处理概况及各阶段单位成本情况进行分析。

一、生产与回收

在成立时间方面，除 1 家为 1958 年外，其余 3 家成立于 20 世纪 90 年代，均具备 20 年以上的经营历史，具有相对丰富的铅蓄电池生产经验。

在产销与回收处理方面，如图 6－1 所示，C 企业最高、A 企业最低，但 A 企业的回收量和处理量却最高，且超出了本企业的年均电池产量。

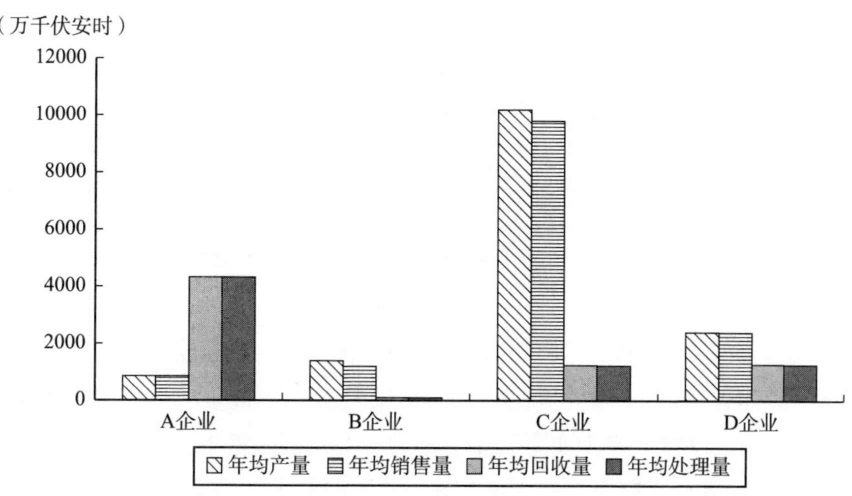

图 6－1　铅蓄电池生产者生产经营状况

为什么会出现如图 6－1 所示的产量和回收量相差如此悬殊的现象呢？从图 6－2 可以看出，A 企业采用自建回收网络的形式开展废铅蓄电池的回收处理工作，回收成本约为 7970 元/吨，而 C 企业则选择多企业联合回收的方式进行回收处理，因而 C 企业自身回收处理网络使用率仅为 10%，回收成本为 8650 元/吨，出现了生产销售多、回收处理低的现象。在自建回收网络的企业中，D 企业的自建回收率也达到了 60%，回收成本约为 7500 元/吨。在考察企业是否具有自建的废铅蓄电池回收体系时，可以看到 4 家企业均具有建立回收体系的能力，说明针对废铅蓄电池回收在处理行为选择上，不同的企业可能会依据自身企业生产和管理特征，选择合适的回收处理方式。

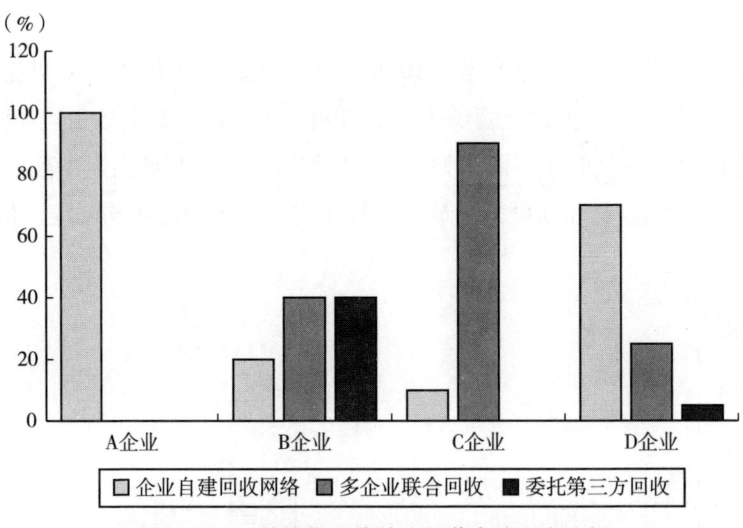

图6－2　三种途径回收的废铅蓄电池所占比例

在资质审批方面，我们调研了企业在申请“废铅蓄电池收集许可证”到审批完成，整个流程的所耗时长，发现大部分企业（75%）的审批时间为1~3年，仅有1家企业是低于1年的。在对废铅蓄电池回收过程中存在的主要问题进行排序时，我们在图6－3中可以看到，环保等各项资质审批流程烦琐占据了较大比例。在具体审批建议方面，多数企业也建议应提高审批效率，扩宽回收渠道（如下放审批权限至县一级，简化收集网点备案和资质要求，适当放宽破损电池、富液式电池、开口电池的收集限制，尽可能把废电池引入正规渠道）；打通各级政府壁垒，减少多头审批和不同层级管理差异等，以减少由于审批带来的效率拉低问题。

二、转移与处理

在实际调查的过程中，四家铅蓄电池生产企业回收废铅蓄电池均为跨省转移方式，四家企业中有三家认为跨省转移存在耗时长的问题，说明在转移的过程中，废铅蓄电池的运输时间成本是企业考虑回收问题的重要方面之一。在实际回收处理阶段，企业的单位回收成本在 0.26 元/千伏安时～1.46 元/千伏安时，处理能力如图 6－4 所示，A 企业处理能力最高达到 3150 万千伏安时，C 企业其次为 2550 万千伏安时，B 企业为 2000 万千伏安时，D 企业处理能力目前为 130 万千伏安时，处理规模还在继续提升中。

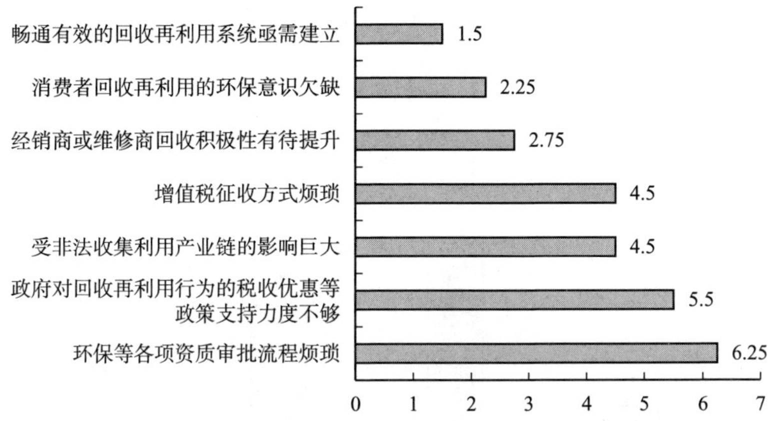

图 6－3 对废铅蓄电池回收过程中存在的主要问题进行排序

注：图中坐标轴数字代表相对严重程度（无单位），即数字越大，意味着该问题越严重。

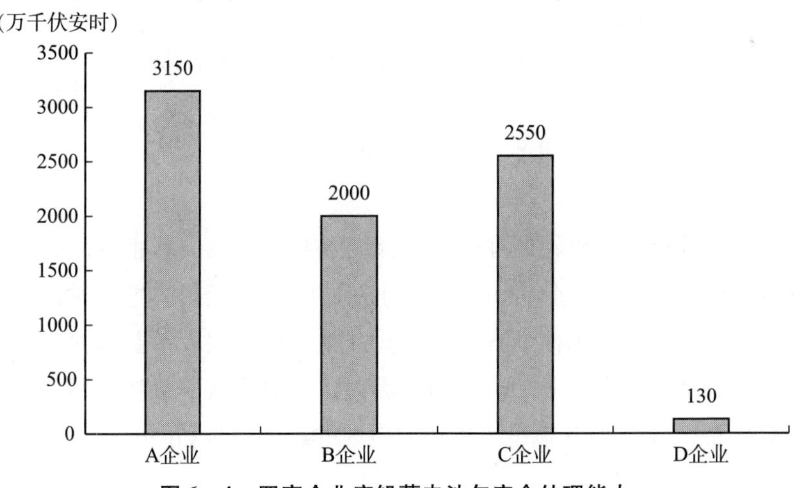

图 6－4 四家企业废铅蓄电池年安全处理能力

在铅蓄电池新产品生产过程中，企业再生铅使用所占比例如图 6 – 5 所示。B 企业再生铅使用了最高达 90%，A 企业和 D 企业最低，约 40%。从中可以看出，企业再生铅使用比例还需提升。我们还统计了企业使用再生铅的途径，A 企业使用的再生铅均为自行回收。B 企业和 C 企业其次，但均达到 95% 以上；只有 D 企业最低为 20%，一般通过购买再生铅投入新产品的生产。

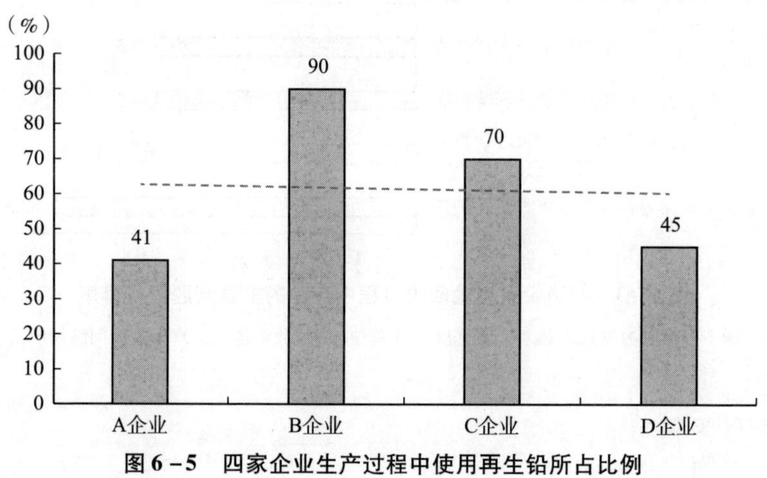

图 6 – 5　四家企业生产过程中使用再生铅所占比例

三、降低废铅蓄电池回收处理成本分析

针对企业废铅蓄电池处理行为选择的差异性，我们从企业回收废铅蓄电池成本的角度进行了分析，发现企业在回收处理废铅蓄电池时，主要成本产生于回收环节，因而最有可能降低企业回收处理废铅蓄电池成本的环节也为回收环节（如图 6 – 6 所示）。因此，本研究接下来将就回收环节进行重点分析，分析 EPR 制度下废铅蓄电池的最优回收利用模式。

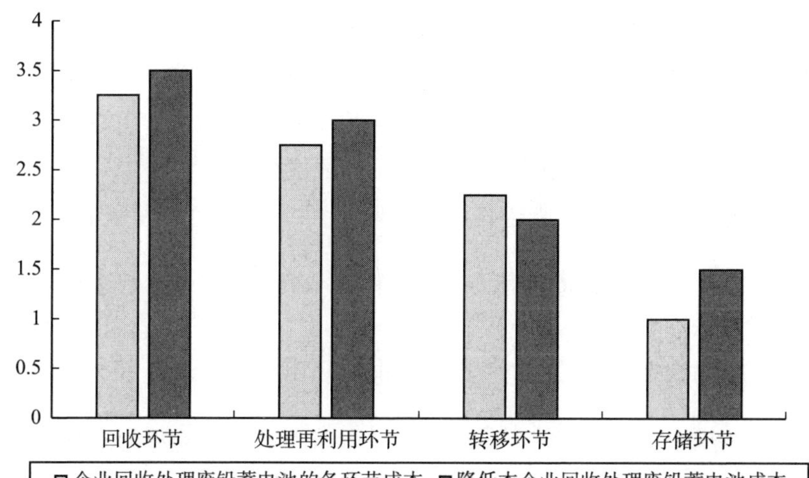

图 6-6 企业回收处理废铅蓄电池的各环节成本及可降低的成本

注：图中坐标轴数字代表相对程度，即黑色条柱之间对比，成本最高的为回收环节，灰色条柱同理，可降低成本最多的为回收环节。

第二节 最优回收利用模式分析

本节以回收作为重点环节，以目标责任制为基础，逐步分析不同目标导向下，生产企业所希望采取的最优的回收利用模式。

一、回收率最大化目标下的模式比较与选择

（一）基本假设

回收渠道的结构简化为由生产商、第三方企业和消费者组成。

假设：

生产者所面临的基本情况：单位回收成本为 R_0；回收率为 τ；生产者以回收价格 b 从回收单位回收废铅蓄电池；生产者可以选择使用新材料或回收材料来生产新产品，生产出来的新产品按相同价格出售；新产品的需求函数是 $D(p)$，$D(p)=\varphi-S$，φ 为整个市场的规模。

生产者面临的政府要求：τ_0 为政府要求的目标回收率，如果没有达到相应的回收目标，政府可能会采取惩罚措施，惩罚额度为 T，若超额完成回收目标，政府则可能会予以一定的奖励，奖励额度为 T（为达到模型简化的目的，我们认为政府采取惩罚和奖励的额度相同）。

生产者面临的选择：废铅蓄电池回收需要一定的固定投资 I，固定投资应小于单位回收成本 R_0，其中 $I = m\left(\left(\frac{t_{cycle}}{t_{total}} \times 100\right)^2\right)/2$，$m$ 代表回收过程中企业面临的困难因素，是企业废铅蓄电池利用率的加成，$\frac{t_{cycle}}{t_{total}} \times 100$ 是废铅蓄电池利用率。用回收的废品再制造新产品的单位成本为 $R\tau$。使用新原材料生产新产品的单位成本为 R_m，并且使用原生材料和再生材料生产的新产品是同质的。生产的新产品的单位成本为 $R = R_m\left(1 - \tau \frac{t_{cycle}}{t_{total}} \times 100\right) + R_r\tau \frac{t_{cycle}}{t_{total}} \times 100 = R_m - (R_m - R_r)\tau \frac{t_{cycle}}{t_{total}} \times 100$。只有当回收产品的再利用成本优势高于回收成本时，生产商才有热情回收废铅蓄电池，我们将 $R_m - R_r$ 表示为 $\Delta = R_m - R_r$。

（二）模型构建与分析

斯塔克尔贝格（Stackelberg）模型强调博弈双方都有所行动。先动者占据主导地位，并且知道后续参与者的行动计划。因此，后行动者可以根据前者的行动选择利润最大化行动计划。显然，在生产者主导的逆向供应链模型中，生产者是市场的领导者，而第三方企业是完成回收任务的追随者。

在 EPR 制度下，生产者受到政府奖励和惩罚机制的影响，并直接负责废铅蓄电池的回收。此时，由生产商主导的废铅蓄电池回收渠道分为以下三种：生产者自主回收模式和第三方社会化回收模式；对于自主回收模式，若企业无完备的自主回收体系，则需要委托分销商完成。即分为生产者独立回收、第三方社会化回收和委托分销商回收三种模式。下面分别进行讨论。

1. 生产者自主回收模式

在这种情况下，生产者具有三个角色，即生产、销售和回收。产品通过各地经销商进行出售，生产者建立了自己的独立回收渠道，称为渠道 1。在此情景下，生产者的利润最大化为 $k(\tau-\tau_0)+\left(\Delta sR_m+\Delta\tau\left(\frac{t_{cycle}}{t_{total}}\times100\right)\right)(\varphi-S)-m\left(\left(\frac{t_{cycle}}{t_{total}}\times100\right)^2\right)/2-R_0\tau(\varphi-S)$，简化后如下：

$$\max\pi_m=k(\tau-\tau_0)+\left(\Delta sR_m+\Delta\frac{t_{cycle2}-t_{cycle1}}{t_{total}}\times100R_0\tau\right)(\varphi-S)$$
$$-m\left(\left(\frac{t_{cycle}}{t_{total}}\times100\right)^2\right)/2$$

为保证所构建的生产者主导回收渠道模型有意义，生产者参与回收渠道需满足 $\Delta\frac{t_{cycle2}-t_{cycle1}}{t_{total}}>R_0$。令 $\Delta sR_m=S-R_m$，$\Delta\frac{t_{cycle2}-t_{cycle1}}{t_{total}}R_0=\Delta\frac{t_{cycle2}-t_{cycle1}}{t_{total}}-R_0$，$\Delta\varphi R_m=\varphi-R_m$ 根据海塞矩阵可知，生产者利润为负，为拟凹函数，即 $2m-\Delta tR_0^2>0$。

2. 第三方社会化回收模式

在这种情况下，产品通过生产者在各地的经销商进行销售，只有产品回收业务委托给第三方回收企业，可以称为渠道 2。生产者和第三方回收企业的利润函数如下：

$$\max_{p,b}\pi_m=k(\tau-\tau_0)-(\varphi-S)\left(b\tau-\left(\Delta sR_m+\Delta\tau\left(\frac{t_{cycle2}-t_{cycle1}}{t_{total}}\right)\right)\right)$$

$$\max_{\tau}\pi_r=(b-R_0)\tau(\varphi-S)-\frac{m\tau^2}{2}$$

生产者是斯塔克尔贝格博弈的领导者，平衡解的计算必须基于决策的顺序。在这个博弈过程中，生产者首先确定产品的销售价格，然后根据销售价格确定产品回购价格。第三方回收企业根据回购价格确定利润最大化条件下的回收率。因此，通过反向归纳法可以得到 b_2 平衡解，如下所示：

$$b_2=\frac{\Delta\frac{t_{cycle2}-t_{cycle1}}{t_{total}}+R_0}{2}+\frac{4mk-k\left(\Delta\frac{t_{cycle2}-t_{cycle1}}{t_{total}}\right)R_0^2}{4m\Delta\varphi R_m+2k\left(\Delta\frac{t_{cycle2}-t_{cycle1}}{t_{total}}\right)R_0}$$

3. 委托销售商回收渠道

在这种情况下，生产商通过分销商销售产品，并委托分销商开展废铅蓄电池的回收，称为渠道 3。在这一点上，分销商既是铅蓄电池销售商又是废铅蓄电池回收商。假设生产者以一定价格将产品卖给分销商，而分销商在销售产品时必须获得一定的利润。如果分销商的价格系数基于价格 S 是 $\alpha \in [1,\ 2]$，产品的零售价为 αS。此时生产者和分销商的利润函数如下：

$$\max_{p,b} \pi_m = k(\tau - \tau_0) + (\varphi - S)\left(\Delta s R_m + \Delta\tau \frac{t_{cycle2} - t_{cycle1}}{t_{total}} - b\tau\right)$$

$$\max_{\tau} \pi_r = (b - R_0)\tau(\varphi - S) - m\left(\left(\frac{t_{cycle}}{t_{total}} \times 100\right)^2\right)/2$$

此时的决策顺序反映出生产者首先确定铅蓄电池产品的价格，然后根据价格确定废铅蓄电池的回收价格。接下来，分销商根据废铅蓄电池回购价格确定利润最大化条件下的回收率。因此，通过反向归纳法可以得到 b_3 平衡解，如下所示：

$$b_3 = \frac{\left(\Delta \frac{t_{cycle2} - t_{cycle1}}{t_{total}}\right) + R_0}{2} + \frac{4mk - \alpha k\left(\Delta \frac{t_{cycle2} - t_{cycle1}}{t_{total}}\right) R_0^2}{4m(\varphi - \alpha R_m) + 2\alpha k\left(\Delta \frac{t_{cycle2} - t_{cycle1}}{t_{total}}\right) R_0}$$

4. 三种回收途径的比较分析

从回收渠道 1 ~ 回收渠道 3 可知，通过反向归纳法可得平衡解分别为：

$$\begin{cases} S_1 = \dfrac{\varphi\left(2m - \left(\Delta \frac{t_{cycle2} - t_{cycle1}}{t_{total}}\right) R_0^2\right) - m\Delta\varphi R_m + k\left(\Delta \frac{t_{cycle2} - t_{cycle1}}{t_{total}}\right) R_0}{2m - \left(\Delta \frac{t_{cycle2} - t_{cycle1}}{t_{total}}\right) R_0^2} \\ S_2 = \varphi - \dfrac{2m\Delta\varphi R_m + k\left(\Delta \frac{t_{cycle2} - t_{cycle1}}{t_{total}}\right) R_0}{4m - \Delta\left(\frac{t_{cycle2} - t_{cycle1}}{t_{total}}\right) R_0^2} \\ S_3 = \dfrac{1}{\alpha}\left(\varphi - \dfrac{2m\Delta\varphi R_m + \alpha k\left(\Delta \frac{t_{cycle2} - t_{cycle1}}{t_{total}}\right) R_0}{\left(4m - \alpha\left(\Delta \frac{t_{cycle2} - t_{cycle1}}{t_{total}}\right) R_0^2\right)}\right) \end{cases}$$

$$
\left\{
\begin{aligned}
\tau_1 &= \frac{\frac{1}{2}\Delta\varphi R_m \Delta \frac{t_{cycle2} - t_{cycle1}}{t_{total}} R_0 + k}{m - \frac{1}{2}\left(\Delta \frac{t_{cycle2} - t_{cycle1}}{t_{total}}\right) R_0^2} \\
\tau_2 &= \frac{\Delta\varphi R_m \left(\Delta \frac{t_{cycle2} - t_{cycle1}}{t_{total}}\right) R_0 + 2k}{4m - \left(\Delta \frac{t_{cycle2} - t_{cycle1}}{t_{total}}\right) R_0^2} \\
\tau_3 &= \frac{(\varphi - \alpha R_m)\left(\Delta \frac{t_{cycle2} - t_{cycle1}}{t_{total}}\right) R_0 + 2k}{4m - \alpha\left(\Delta \frac{t_{cycle2} - t_{cycle1}}{t_{total}}\right) R_0^2}
\end{aligned}
\right.
$$

$$
\left\{
\begin{aligned}
\pi_{m1} &= \frac{\frac{1}{2} m\Delta\varphi R_m^2 + k\Delta\varphi R_m \Delta \frac{t_{cycle2} - t_{cycle1}}{t_{total}} R_0 + k^2 - k\tau_0 m + \frac{1}{2} k\tau_0 \Delta \frac{t_{cycle2} - t_{cycle1}}{t_{total}} R_0^2}{2m - \left(\Delta \frac{t_{cycle2} - t_{cycle1}}{t_{total}}\right) R_0^2} \\
\pi_{m2} &= \frac{m\Delta\varphi R_m^2 + k\Delta\varphi R_m \left(\Delta \frac{t_{cycle2} - t_{cycle1}}{t_{total}}\right) R_0 + k^2}{4m - \left(\Delta \frac{t_{cycle2} - t_{cycle1}}{t_{total}}\right) R_0^2} - k\tau_0 \\
\pi_{m3} &= \frac{m(\varphi - \alpha R_m)^2 + \alpha k(\varphi - \alpha R_m)\Delta\left(\frac{t_{cycle2} - t_{cycle1}}{t_{total}}\right) R_0 + \alpha k^2}{\alpha\left(4m - \alpha\left(\Delta \frac{t_{cycle2} - t_{cycle1}}{t_{total}}\right) R_0^2\right)} - k\tau_0
\end{aligned}
\right.
$$

为了确保每种方案都可以有效进行，因此必须要求 τ_1，τ_2，$\tau_3 \in [0,\ 1]$，则：

$$
\Delta\varphi R_m \Delta \frac{t_{cycle2} - t_{cycle1}}{t_{total}} R_0 \leqslant 2m - \Delta \frac{t_{cycle2} - t_{cycle1}}{t_{total}} R_0^2
$$

$$
\Delta\varphi R_m \Delta \frac{t_{cycle2} - t_{cycle1}}{t_{total}} R_0 + 2k \leqslant 4m - \Delta \frac{t_{cycle2} - t_{cycle1}}{t_{total}} R_0^2
$$

$$
(\varphi - \alpha R_m)\Delta \frac{t_{cycle2} - t_{cycle1}}{t_{total}} R_0 + 2k \leqslant 4m - \alpha\Delta \frac{t_{cycle2} - t_{cycle1}}{t_{total}} R_0^2
$$

命题 1：$0 < L_{\tau_2} < L_{\tau_3} < L_{\tau_1}$（$L_{\tau_1}$，$L_{\tau_2}$，$L_{\tau_3}$ 为生产者在奖励和惩罚强度下的回收率的斜率），那么什么时候 $k = 0$，$\tau_3 < \tau_2 < \tau_1$？

证明：三个回收率的斜率为：

$$L_{\tau_1} = \frac{1}{m - \frac{1}{2}\Delta \frac{t_{cycle2} - t_{cycle1}}{t_{total}} R_0^2}$$

$$L_{\tau_2} = \frac{1}{2m - \frac{1}{2}\Delta \frac{t_{cycle2} - t_{cycle1}}{t_{total}} R_0^2}$$

$$L_{\tau_3} = \frac{1}{2m - \frac{1}{2}\alpha\Delta \frac{t_{cycle2} - t_{cycle1}}{t_{total}} R_0^2}$$

通过上式可以判断，在（0，1）范围内，$0 < L_{\tau_2} < L_{\tau_3} < L_{\tau_1}$，因而当 $k=0$ 时，回收率分别为：

$$\tau_1 = \frac{\Delta\varphi R_m \Delta \frac{t_{cycle2} - t_{cycle1}}{t_{total}} R_0}{2m - \Delta \frac{t_{cycle2} - t_{cycle1}}{t_{total}} R_0^2}$$

$$\tau_2 = \frac{\Delta\varphi R_m \Delta \frac{t_{cycle2} - t_{cycle1}}{t_{total}} R_0}{4m - \Delta \frac{t_{cycle2} - t_{cycle1}}{t_{total}} R_0^2}$$

$$\tau_3 = \frac{(\varphi - \alpha R_m)\Delta \frac{t_{cycle2} - t_{cycle1}}{t_{total}} R_0}{4m - \alpha\Delta \frac{t_{cycle2} - t_{cycle1}}{t_{total}} R_0^2}$$

通过比较大小很容易得到

$$\frac{\Delta\varphi R_m \Delta \frac{t_{cycle2} - t_{cycle1}}{t_{total}} R_0}{2m - \Delta \frac{t_{cycle2} - t_{cycle1}}{t_{total}} R_0^2} > \frac{\Delta\varphi R_m \Delta \frac{t_{cycle2} - t_{cycle1}}{t_{total}} R_0}{4m - \Delta \frac{t_{cycle2} - t_{cycle1}}{t_{total}} R_0^2}。$$

我们知道 $\varphi > P > R_m$，并且：

$$4m - \Delta \frac{t_{cycle2} - t_{cycle1}}{t_{total}} R_0^2 > 2m - \Delta \frac{t_{cycle2} - t_{cycle1}}{t_{total}} R_0^2$$

$$\Delta\varphi R_m \Delta \frac{t_{cycle2} - t_{cycle1}}{t_{total}} R_0 > 0$$

$2m-\Delta\frac{t_{cycle2}-t_{cycle1}}{t_{total}}R_0^2 \geqslant \Delta\varphi R_m\Delta\frac{t_{cycle2}-t_{cycle1}}{t_{total}}R_0$，对 τ_3 求 α 偏导，可得：

$$\frac{\mathrm{d}\tau_3}{\mathrm{d}_\alpha}=\frac{\left(-4mR_m+\varphi\Delta\frac{t_{cycle2}-t_{cycle1}}{t_{total}}R_0^2\right)\Delta\frac{t_{cycle2}-t_{cycle1}}{t_{total}}R_0}{\left(4m-\alpha\Delta\frac{t_{cycle2}-t_{cycle1}}{t_{total}}R_0^2\right)^2},$$

其中，$$\frac{\left(-4mR_m+\varphi\Delta\frac{t_{cycle2}-t_{cycle1}}{t_{total}}R_0^2\right)\Delta\frac{t_{cycle2}-t_{cycle1}}{t_{total}}R_0}{\left(4m-\alpha\Delta\frac{t_{cycle2}-t_{cycle1}}{t_{total}}R_0^2\right)^2}<0,$$

通过比较大小可知

$$\frac{\left(-4mR_m+\varphi\Delta\frac{t_{cycle2}-t_{cycle1}}{t_{total}}R_0^2\right)\Delta\frac{t_{cycle2}-t_{cycle1}}{t_{total}}R_0}{\left(4m-\alpha\Delta\frac{t_{cycle2}-t_{cycle1}}{t_{total}}R_0^2\right)^2}$$

$$<\frac{-\left(4mCm-\varphi\Delta\frac{t_{cycle2}-t_{cycle1}}{t_{total}}R_0^2\right)\Delta\frac{t_{cycle2}-t_{cycle1}}{t_{total}}R_0}{\left(4m-\alpha\Delta\frac{t_{cycle2}-t_{cycle1}}{t_{total}}R_0^2\right)^2}。$$

因此，τ_3 时针对 α 的递减函数，当 α 取最大值 1 时，τ_3 有最大值。

$\max\limits_{\alpha=1}\tau_3=\frac{\Delta\varphi R_m\Delta\frac{t_{cycle2}-t_{cycle1}}{t_{total}}R_0}{4m-\Delta\frac{t_{cycle2}-t_{cycle1}}{t_{total}}R_0^2}$。根据 τ_2 的公式可得，此时 $\tau_2=\tau_3$，因而当 $\alpha\in[1,2]$，有 $\tau_2>\tau_3$。综上所述，$\tau_3<\tau_2<\tau_1$。

根据推理 1 我们可以得出，政府的奖惩机制继续增加，废铅蓄电池回收率继续增加。比较这两个渠道，由于奖励和惩罚机制，生产者的独立回收渠道的回收率比其他渠道更灵活。这就意味着为追求高回收率目标，生产商将首先选择独立的回收渠道，然后再选择委托的分销商回收渠道，最后选择委托的第三方回收渠道。根据政府的奖惩机制，再选择另外两个渠道。此后，委托的分销商回收渠道将占主导地位。总体而言，政府的奖惩机制可以引导生产者提高回收率，并对回收渠道做出合理选择。

命题2：$k=0$，$0<h_{b_2}<h_{b_3}$，$b_2=b_3=\frac{\Delta\frac{t_{cycle2}-t_{cycle1}}{t_{total}}+R_0}{2}$时，什么时候$h_{b_2}=h_{b_3}=0$，且$b_2>b_3$。

证明：h_{b_2}，h_{b_3}是生产者在奖惩机制下制定的回购价格的斜率。两者的斜率如下：

$$L_{b_2}=\frac{\mathrm{d}b_2}{\mathrm{d}k}=\frac{m\Delta\varphi R_m\left(m-\frac{1}{4}\Delta\frac{t_{cycle2}-t_{cycle1}}{t_{total}}R_0^2\right)}{\left(m\Delta\varphi R_m+\frac{1}{2}k\Delta\frac{t_{cycle2}-t_{cycle1}}{t_{total}}R_0\right)^2}$$

$$L_{b_3}=\frac{\mathrm{d}b_3}{\mathrm{d}k}=\frac{m(\varphi-\alpha R_m)\left(m-\frac{1}{4}\alpha\Delta\frac{t_{cycle2}-t_{cycle1}}{t_{total}}R_0^2\right)}{\left(m(\varphi-\alpha R_m)+\frac{1}{2}\alpha k\Delta\frac{t_{cycle2}-t_{cycle1}}{t_{total}}R_0\right)^2}$$

从上式可以看出，$\frac{m\Delta\varphi R_m\left(m-\frac{1}{4}\Delta\frac{t_{cycle2}-t_{cycle1}}{t_{total}}R_0^2\right)}{\left(m\Delta\varphi R_m+\frac{1}{2}k\Delta\frac{t_{cycle2}-t_{cycle1}}{t_{total}}R_0\right)^2}<\frac{m(\varphi-\alpha R_m)\left(m-\frac{1}{4}\alpha\Delta\frac{t_{cycle2}-t_{cycle1}}{t_{total}}R_0^2\right)}{\left(m(\varphi-\alpha R_m)+\frac{1}{2}\alpha k\Delta\frac{t_{cycle2}-t_{cycle1}}{t_{total}}R_0\right)^2}$，两者的回购价格满足：$b_2=b_3=\frac{\Delta\frac{t_{cycle2}-t_{cycle1}}{t_{total}}+R_0}{2}$。从回购价格的斜率关系可以看到，回购价格对奖惩机制的作用是一个凸函数，其斜率在不断减小。即$k\rightarrow+\infty$时，$\lim\limits_{k\rightarrow+\infty}L_{b_2}=\lim\limits_{k\rightarrow+\infty}L_{b_3}=0$，因而很容易得到：

$$\lim_{k\rightarrow+\infty}b_2=\frac{\Delta\frac{t_{cycle2}-t_{cycle1}}{t_{total}}+R_0}{2}+\frac{2m-\frac{1}{2}\Delta\frac{t_{cycle2}-t_{cycle1}}{t_{total}}R_0^2}{\Delta\frac{t_{cycle2}-t_{cycle1}}{t_{total}}R_0}$$

$$\lim_{k\to+\infty} b_3 = \frac{\Delta\frac{t_{cycle2}-t_{cycle1}}{t_{total}}+R_0}{2} + \frac{2m-\frac{1}{2}\alpha\Delta\frac{t_{cycle2}-t_{cycle1}}{t_{total}}R_0^2}{\alpha\Delta\frac{t_{cycle2}-t_{cycle1}}{t_{total}}R_0}$$

其中，$\frac{\Delta\frac{t_{cycle2}-t_{cycle1}}{t_{total}}+R_0}{2} + \frac{2m-\frac{1}{2}\Delta\frac{t_{cycle2}-t_{cycle1}}{t_{total}}R_0^2}{\Delta\frac{t_{cycle2}-t_{cycle1}}{t_{total}}R_0} < \frac{\Delta\frac{t_{cycle2}-t_{cycle1}}{t_{total}}+R_0}{2} + \frac{2m-\frac{1}{2}\alpha\Delta\frac{t_{cycle2}-t_{cycle1}}{t_{total}}R_0^2}{\alpha\Delta\frac{t_{cycle2}-t_{cycle1}}{t_{total}}R_0}$，因而可以证明命题 2。

根据命题 2，随着政府的奖惩机制继续增加，废铅蓄电池的回收价格也在不断增加。在第三方回收和分销商回收两种渠道下，废铅蓄电池回收价格的弹性在奖惩机制的影响下不断降低。从曲线斜率的变化可以看出，回购价格仅在一定范围内敏感，过度的报酬或惩罚对其影响不大。因此，当奖励和惩罚少时，生产者将委托第三方以较低的回收价格进行回收。由于第三方回收渠道可以满足目标回收率要求，因此生产商不必委托分销商以更高的价格进行废铅蓄电池回收。此时，第三方回收渠道占主导地位。当奖惩力度很大时，生产者会更加关注目标回收率。因此，为了获得高额报酬或消除严厉的惩罚，生产者将选择委托分销商的回收渠道进行废铅蓄电池回收。一方面，由于规模化回收效应，生产者提供给分销商的回收价格可以相对较低；另一方面，由于与供销渠道的关系，分销商可以保证稳定的废铅蓄电池回收量。在这一情境下，分销商的回收渠道占主导地位。

命题 3：$h_{S_1} < h_{S_3} < h_{S_2} < 0$，什么时候 $k = 0$，$S_1 < S_2$；$S_3 < S_2$。

证明：h_{S_1}，h_{S_3}，h_{S_2} 是生产者在奖惩机制下建立的销售价格的斜率。这三个的斜率如下：

$$L_{p_1} = -\frac{\frac{1}{2}}{\frac{m}{\Delta\frac{t_{cycle2}-t_{cycle1}}{t_{total}}R_0} - \frac{1}{2}\Delta\frac{t_{cycle2}-t_{cycle1}}{t_{total}}R_0}$$

$$L_{p_2} = -\frac{1}{\dfrac{4m}{\Delta \dfrac{t_{cycle2} - t_{cycle1}}{t_{total}} R_0} - \Delta \dfrac{t_{cycle2} - t_{cycle1}}{t_{total}} R_0}$$

$$L_{p_3} = -\frac{1}{\dfrac{4m}{\Delta \dfrac{t_{cycle2} - t_{cycle1}}{t_{total}} R_0} - \alpha\Delta \dfrac{t_{cycle2} - t_{cycle1}}{t_{total}} R_0}$$

很容易证明 $h_{S_1} < h_{S_3} < h_{S_2} < 0$；当 $k = 0$，三个销售价格如下：

$$S_1 = \varphi - \frac{m\Delta\varphi R_m}{2m - \Delta \dfrac{t_{cycle2} - t_{cycle1}}{t_{total}} R_0^2}$$

$$S_2 = \varphi - \frac{2m\Delta\varphi R_m}{4m - \Delta \dfrac{t_{cycle2} - t_{cycle1}}{t_{total}} R_0^2}$$

$$S_3 = \frac{\varphi}{\alpha} - \frac{2m(\varphi - \alpha C_m)}{\alpha\left(4m - \Delta \dfrac{t_{cycle2} - t_{cycle1}}{t_{total}} R_0^2\right)}$$

通过运算，得到 $\dfrac{m\Delta\varphi R_m}{2m - \Delta \dfrac{t_{cycle2} - t_{cycle1}}{t_{total}} R_0^2} > \dfrac{2m\Delta\varphi R_m}{4m - \Delta \dfrac{t_{cycle2} - t_{cycle1}}{t_{total}} R_0^2}$。$S_3$ 对 α 求导，可得：

$$\frac{\mathrm{d}S_3}{\mathrm{d}\alpha} = -\frac{\varphi\left(2m - \alpha\Delta \dfrac{t_{cycle2} - t_{cycle1}}{t_{total}} R_0^2\right)}{\alpha^2\left(4m - \alpha\Delta \dfrac{t_{cycle2} - t_{cycle1}}{t_{total}} R_0^2\right)} - \frac{2m\alpha(\varphi - \alpha R_m)\Delta \dfrac{t_{cycle2} - t_{cycle1}}{t_{total}} R_0^2}{\alpha^2(4m - \alpha)\Delta \dfrac{t_{cycle2} - t_{cycle1}}{t_{total}} R_0} < 0,$$

S_3 是 α 的减函数。则 $\max\limits_{\alpha=1} S_3 = \varphi - \dfrac{2m\Delta\varphi R_m}{4m - \Delta \dfrac{t_{cycle2} - t_{cycle1}}{t_{total}} R_0^2} = \varphi - \dfrac{2m\Delta\varphi R_m}{4m - \Delta \dfrac{t_{cycle2} - t_{cycle1}}{t_{total}} R_0^2}$，当 $\alpha \in [1, 2]$ 时，$S_3 < S_2$。当 $\alpha = 2$ 时，$\min\limits_{\alpha=2} S_3 = \dfrac{\varphi}{2} - \dfrac{m(\varphi - 2R_m)}{2\left(2m\Delta \dfrac{t_{cycle2} - t_{cycle1}}{t_{total}} R_0^2\right)}$。$\dfrac{\varphi}{2} - \dfrac{m(\varphi - 2R_m)}{2\left(2m\Delta \dfrac{t_{cycle2} - t_{cycle1}}{t_{total}} R_0^2\right)} - \varphi - \dfrac{m\Delta\varphi R_m}{2m - \Delta \dfrac{t_{cycle2} - t_{cycle1}}{t_{total}} R_0^2} <$

0。因此可以知道 $S_3 < S_1$。

从中可以推论出，随着政府的奖惩机制不断增加，生产商将继续降低其产品价格。比较这两个渠道，由于奖励和惩罚机制，生产者的独立回收渠道的产品定价比其他渠道更灵活。考虑到 α 关于奖励和惩罚机制，产品价格有两种形式。

结合命题1，可以看出三种不同渠道下生产者废铅蓄电池回收价格的弹性与回收率的弹性是一致的。此外，生产者的独立回收渠道的灵活性最大，这表明该渠道比其他渠道对政策影响更为敏感。当政府的目标回收率较低时，生产商对废铅蓄电池回收的热情就低。此时，生产商将委托第三方通过稍微提高废铅蓄电池价格来回收产品。当政府规定更高的目标回收率时，结合命题2，生产商将放弃第三方回收渠道，并委托分销商进行回收。此时，生产者将选择降低其废铅蓄电池回收价格，并与分销商建立长期合作回收关系。这样，长期固定的回收渠道将使废铅蓄电池的回收量达到一定的规模效应，从而满足生产者对高回收率的追求。另外，考虑到生产者对政府目标回收率及其自身回收能力的反应，生产者对废铅蓄电池的定价将出现在不同的渠道中。

命题4：π_{m1}，π_{m2}，π_{m3}是一个抛物线，起开口朝上，宽度满足 $E\pi_{m1} < E\pi_{m3} < E\pi_{m2}$，并且对称轴上满足：$\pi_{m1} = \pi_{m2} < \pi_{m3}$。

证明：可以通过以下函数关系来判断 π_{m1}，π_{m2}，π_{m3}。这三条曲线的对称轴如下：

$$T_{m1} = -\frac{\Delta \dfrac{t_{cycle2} - t_{cycle1}}{t_{total}} R_0 \Delta\varphi R_m}{2}$$

$$T_{m2} = -\frac{\Delta \dfrac{t_{cycle2} - t_{cycle1}}{t_{total}} R_0 \Delta\varphi R_m}{2}$$

$$T_{m3} = -\frac{\Delta \dfrac{t_{cycle2} - t_{cycle1}}{t_{total}} R_0 (\varphi - \alpha R_m)}{2}$$

很明显的，$E\pi_{m1} = E\pi_{m2} < E\pi_{m3} < 0$，并且满足利润：

$$\pi_{m1} = \pi_{m2} = \frac{\Delta\varphi R_m^2}{4} + \frac{\Delta \dfrac{t_{cycle2} - t_{cycle1}}{t_{total}} R_0 \Delta\varphi R_m \tau_0}{2}$$

$$\pi_{m3} = \frac{(\varphi - R_m)^2}{4} + \frac{\Delta \dfrac{t_{cycle2} - t_{cycle1}}{t_{total}} R_0 (\varphi - \alpha R_m) \tau_0}{2}$$

从上式可以看出，$\frac{\Delta \dfrac{t_{cycle2} - t_{cycle1}}{t_{total}} R_0 \Delta\varphi R_m \tau_0}{2} > \frac{\Delta \dfrac{t_{cycle2} - t_{cycle1}}{t_{total}} R_0 \Delta\varphi R_m \tau_0}{2} > 0$。可以判断利润曲线的开口是朝上的。开口宽度满足：$H\pi_{m1} < H\pi_{m3} < H\pi_{m2}$。

因此，从命题4可以推论出，随着政府的奖惩机制继续增加，生产者的利润也继续增加。这一结果说明，政府的奖惩机制有利于生产者提高废铅蓄电池的回收率，生产者通过回收利用废铅蓄电池将获得一定的利润。

基于命题1～命题4，总结如下：

生产者的独立回收渠道具有最高的回收率。当生产者具有一定的生产规模，专业的销售渠道和回收渠道时，其产品价格较低，客户的黏性较大，因此对积极促进消费者回收的影响也较大。此外，生产者在独立的回收渠道中具有最高的效率和最大的渠道利润。

委托第三方回收和委托分销商回收渠道各有优势。当生产者尚不能建立独立的回收渠道时，他们将选择以上两个回收渠道。当政府奖惩机制的力度较小时，生产者对废铅蓄电池回收率的追求就较低，并且将选择第三方回收渠道。当政府的奖惩机制力度更大时，生产者对回收率的追求就会较高，他们会选择委托分销商回收渠道。在整个供应链中分担回收责任，即每个参与者都有责任回收废铅蓄电池。供应链管理应充分发挥生产商、分销商和第三方的回收能力。根据欧盟的经验，巨大的双重回收系统公司可以提高废铅蓄电池的回收效率。但是，该结论表明，不同的回收渠道具有各自的优势，应根据特定的产品类别考虑。

因此，政府的奖惩机制可以指导生产者充分履行其延伸责任。在有效的奖惩机制的激励下，生产者将大力开展逆向物流供应链的建设，创新绿色产品设计，提高其资源再利用效率。同时，实施 EPR 制度对于实现减少生活垃圾、建设生态文明的目标具有重要意义。

二、生产者利润最大化下的回收模式比较与选择

上述研究表明，当生产者独立回收、委托第三方回收以及委托销售商回收时，不同条件下会有平衡解。依据现实情况，生产企业对废铅蓄电池的逆向回收活动大多选择前两种方式。因而本部分将进一步考察生产者独立回收和委托第三方回收时的选择行为。

当生产者独立回收时，生产者利润最大化函数为：$k(\tau-\tau_0)+\left(\Delta sR_m+\Delta\tau\left(\frac{t_{cycle}}{t_{total}}\times 100\right)\right)(\varphi-S)-m\left(\left(\frac{t_{cycle}}{t_{total}}\times 100\right)^2\right)/2-R_0\tau(\varphi-S)$，简化后为：$\max\pi_{m1}=k(\tau-\tau_0)+\left(\Delta sR_m+\Delta\frac{t_{cycle2}-t_{cycle1}}{t_{total}}\times 100R_0\tau\right)(\varphi-S)-m\left(\left(\frac{t_{cycle}}{t_{total}}\times 100\right)^2\right)/2$，从中可以看出，当生产者寻求最大利润时，主要的决定因素是：（1）回收废铅蓄电池的再利用成本的差值；（2）新原材料生产新产品的单位成本；（3）再利用生产新产品的单位成本；（4）废铅蓄电池利用率等。

当生产者委托第三方回收时，生产者的利润函数为：

$$\max_{p,b}\pi_{m2}=k(\tau-\tau_0)-(\varphi-S)\left(b\tau-\left(\Delta sR_m+\Delta\tau\left(\frac{t_{cycle2}-t_{cycle1}}{t_{total}}\right)\right)\right)$$

从中可以看出，委托第三方回收时，生产者最大化利润取决于：（1）单位回收成本；（2）固定投资；（3）再利用新产品的单位生产成本；（4）回收率等。与生产者独立回收相比，第三方回收的利润最大化决定因素存在重叠部分，为进一步探讨如何在生产者利润均为最大化时，生产者单位回收成本最小的决策，我们将两种方式的利润最大化设为固定值，均为 $\max\pi_m$ 定值，此值与生产者投入成本直接相关。

$$
\begin{cases}
\max\pi_{m1} = k(\tau - \tau_0) + \left(\Delta sR_m + \Delta \dfrac{t_{cycle2} - t_{cycle1}}{t_{total}} \times 100R_0\tau\right)(\varphi - S) \\
\qquad - m\left(\left(\dfrac{t_{cycle}}{t_{total}} \times 100\right)^2\right)/2 \\
\max\limits_{p,b}\pi_{m2} = k(\tau - \tau_0) - (\varphi - S)\left(b\tau - \left(\Delta sR_m + \Delta\tau\left(\dfrac{t_{cycle2} - t_{cycle1}}{t_{total}}\right)\right)\right)
\end{cases}
$$

命题1：当 π_m 只和 R_0 相关，则最大化利润函数可以转化为 $\max\pi_m = a + (b + cR_0) - c$，让 π_m 对 R_0 求导，当利润最大化时，两种方式该选哪个？

证明：通过求导可以得到：

$$
\begin{cases}
\dfrac{\mathrm{d}\max\pi_{m1}}{\mathrm{d}R_0} = \left(\Delta \dfrac{t_{cycle2} - t_{cycle1}}{t_{total}} \times 100\tau\right)(\varphi - S) \\
\dfrac{\mathrm{d}\max\pi_{m2}}{\mathrm{d}R_0} = 0
\end{cases}
$$

废铅蓄电池回收利用的成本一定是大于 0 的，那么市场对于废铅蓄电池再生产品的需求如果大于0，则企业应该选择独立自主的方式进行回收，但如果市场对于废铅蓄电池再生产品的需求量较低，即消费者对于废铅蓄电池回收利用生产出来的产品并不看好，而是选择一些原生资源生产的产品，那么生产者则不需要选择独立自主高成本方式进行回收。但是当一部分消费者选择购买非回收产品，另一部分消费者选择购买新产品时，则需要进一步比较。①

命题2：曼昆的微观经济学原理描述垄断的福利代价时，用边际成本表示垄断生产者成本。因而即使市场中，只有两种类型的企业时，生产者的再投入成本也非零，即 $R_m \neq 0$。当 π_m 和 R_0、R_m 相关时，即生产者利润最大化除了与初始投入有关，还与再生利用的成本有关。此时，生产者利润最大化应该选择哪一种？

证明：首先对 R_0 求导，得到：

① 这并不是本节关注的重点，因而暂且没有将此种情况进行深入探讨。

$$\begin{cases} \dfrac{\mathrm{dmax}\pi_{m1}}{\mathrm{d}R_0} = \left(\Delta \dfrac{t_{cycle2} - t_{cycle1}}{t_{total}} \times 100\tau\right)(\varphi - S) \\ \dfrac{\mathrm{dmax}\pi_{m2}}{\mathrm{d}R_0} = 0 \end{cases}$$

发现此情况与命题 1 相同，且该求导函数中并未包含 R_m。因而选择对 R_m 求导：

$$\begin{cases} \dfrac{\mathrm{dmax}\pi_{m1}}{\mathrm{d}R_m} = \Delta s(\varphi - S) \\ \dfrac{\mathrm{dmax}\pi_{m2}}{\mathrm{d}R_m} = (\varphi - S)\Delta s \end{cases}$$

此时，生产者选择第三方回收和独立回收的极值点相等，结合命题 1 可知，当初始成本 R_0 较大时，且市场利好，则企业会选择独立回收的方式进行废铅蓄电池回收，尽管之后再回收时会有一定的投入成本。但当市场规模足够大，企业委托第三方回收时，可以抵消先期的成本投入，最终达到生产者独立回收和委托第三方回收均可的情况。

命题 3：当利润最大化时，企业的回收率也是影响利润最大化的变量。当回收率比较高时，企业可能采用自主回收的方式进行回收，而不用委托第三方的方式进行回收，以谋取更大的福利，则 $\max\pi_m$ 与 τ 相关。在分析的过程中，我们也应注意到，τ 与政府要求的回收率 τ_0 之间一定存在关系：$\tau_0 < \tau$，即企业的回收率应该满足政府要求的目标回收率，如果低于政府要求的范围，政府的惩罚措施则会促使企业以类似规避风险的方式，选择另两种回收方式进行回收。因而本书认为，$\tau_0 < \tau$ 的前提条件存在，且 τ_0 应为一个大于 0 的固定值，只需要对 τ 的符号和大小进行探讨。

对 τ 求导可知：

$$\begin{cases} \dfrac{\mathrm{dmax}\pi_{m1}}{\mathrm{d}\tau} = k + \left(\Delta \dfrac{t_{cycle2} - t_{cycle1}}{t_{total}} \times 100R_0\right)(\varphi - S) \\ \dfrac{\mathrm{dmax}\pi_{m2}}{\mathrm{d}\tau} = k - (\varphi - S)\tau \end{cases}$$

k 为大于 0 的值，有 $k + \left(\Delta \dfrac{t_{cycle2} - t_{cycle1}}{t_{total}} \times 100R_0\right)(\varphi - S) > k - (\varphi - S)\tau$，因而当回收率比较高时，生产者会采取独立回收的方式进行回收。

基于生产者利润最大化的模型的上述命题可知：

生产者利润最大化条件只与 R_0 初始投入成本相关时，生产者选择何种回收方式取决于市场的需求情况，如果市场是利好状态，生产者则会选择独立自主的回收方式，以提升本企业在市场中的生产规模，占有更多的市场份额，为进一步扩大再生产装备。规模性的生产将使生产者投入更多的人力物力。但市场的需求情况欠佳时，生产者为规避责任则会选择委托第三方回收的方式进行回收。

当再投入成本 R_m 存在且与最大化利润相关时，生产者的选择行为取决于再投入成本，当市场规模足够大时，企业的再投入会抵消先期投入的高成本，最终形成生产者可自由选择是独立回收还是选择委托第三方回收。生产者可以更多的考虑到企业自身的经营情况、人员使用情况、资源占有量等。若此时生产者希望有更高的回收率，则其将倾向于采取自主回收的方式抢占市场先机，扩大市场规模。

三、政府奖惩机制作用下的回收模式比较与选择

我们在上述探讨生产者利润最大化问题时，前提假设是生产者的回收行为只与自己的主观选择相关，并没有过多的考虑到政府政策对生产者行为的作用。随着生产者责任延伸制度的推进和政策深入落实，政府也在影响生产者回收渠道选择中占据了重要的位置，政府的奖惩制度会影响生产者的回收方式和回收行为。因而在利润最大化的基础上，需要进一步讨论政府奖惩政策的影响。

如前文所述，随着政府的奖惩机制增加，产品的回收率会继续增加。在这种情况下，生产者选择自主回收和委托第三方回收的最大化利润一定不同（因为在政府参与的过程中，相同的最大化利润，一定意味着政府对生产者独立回收进行了一定的补贴，那么两者的初始投入成本和再投入成本必然不同，便无法进行比较）。生产者的选择行为取决于两种选择方式的利润。即：

$$\begin{cases} \pi_{m1} = \dfrac{\dfrac{1}{2}m\Delta\varphi R_m^2 + k\Delta\varphi R_m \Delta \dfrac{t_{cycle2} - t_{cycle1}}{t_{total}} R_0 + k^2 - k\tau_0 m + \dfrac{1}{2}k\tau_0 \Delta \dfrac{t_{cycle2} - t_{cycle1}}{t_{total}} R_0^2}{2m - \left(\Delta \dfrac{t_{cycle2} - t_{cycle1}}{t_{total}}\right) R_0^2} \\ \pi_{m2} = \dfrac{m\Delta\varphi R_m^2 + k\Delta\varphi R_m \left(\Delta \dfrac{t_{cycle2} - t_{cycle1}}{t_{total}}\right) R_0 + k^2}{4m - \left(\Delta \dfrac{t_{cycle2} - t_{cycle1}}{t_{total}}\right) R_0^2} - k\tau_0 \end{cases}$$

命题4：在每种方案必须满足 τ_1，τ_2，$\tau_3 \in [0,\ 1]$ 的情况下，我们需要比较两种选择曲线的斜率情况。那么哪一种选择方式更为合适？

通过比较自主回收和委托第三方回收的斜率可知：$m - \frac{1}{2}\Delta \frac{t_{cycle2} - t_{cycle1}}{t_{total}} R_0^2 < 2m - \frac{1}{2}\Delta \frac{t_{cycle2} - t_{cycle1}}{t_{total}} R_0^2$，因而企业选择自主回收的方式应该是一个斜率较为陡峭的曲线。在比较回收率曲线斜率时可知：

$2m - \Delta \frac{t_{cycle2} - t_{cycle1}}{t_{total}} R_0^2 < 4m - \Delta \frac{t_{cycle2} - t_{cycle1}}{t_{total}} R_0^2$，因而自主回收的斜率也较大。因此可以推论，当政府奖惩机制提升，生产者可以先选择自主回收的方式进行回收，后期政府处罚力度加大时，转为选择委托第三方回收的方式进行回收，使自己朝着规避风险、生产率最大化的方式进行生产。

命题5：相比生产者委托第三方回收，生产者独立回收的回收函数、回收率函数均显示出比委托第三方回收更陡峭的状态，因而委托第三方回收的选择有绝对压倒式优势，但当政府为了促进生产者责任延伸制度稳步落实，对采取合理合规自主回收的企业予以补贴，补贴力度为 s 时，企业该选取何种方式进行回收？

当政府对独立回收企业进行初始成本 R_0 补贴时，R_0 变为 $R_0' + s$，有：

$$\left\{\begin{aligned}\pi_{m1}&=\frac{\frac{1}{2}m\Delta\varphi R_m^2+k\Delta\varphi R_m\Delta\frac{t_{cycle2}-t_{cycle1}}{t_{total}}(R_0'+s)+k^2-k\tau_0 m+\frac{1}{2}k\tau_0\Delta\frac{t_{cycle2}-t_{cycle1}}{t_{total}}(R_0'+s)^2}{2m-\left(\Delta\frac{t_{cycle2}-t_{cycle1}}{t_{total}}\right)(R_0'+s)^2}\\\pi_{m2}&=\frac{m\Delta\varphi R_m^2+k\Delta\varphi R_m\left(\Delta\frac{t_{cycle2}-t_{cycle1}}{t_{total}}\right)R_0+k^2}{4m-\left(\Delta\frac{t_{cycle2}-t_{cycle1}}{t_{total}}\right)R_0^2}-k\tau_0\end{aligned}\right.$$

两条曲线的斜率分别为：

$$L_{\tau_1}=\frac{1}{m-\frac{1}{2}\Delta\frac{t_{cycle2}-t_{cycle1}}{t_{total}}(R_0'+s)^2}$$

$$L_{\tau 2}=\frac{1}{2m-\frac{1}{2}\Delta\frac{t_{cycle2}-t_{cycle1}}{t_{total}}R_0^2},$$

比较两者大小可知：

当 $R_0'+s=R_0$，即企业应该投入的初始成本加政府投入的成本与委托第三方回收成本相等时，企业以相对较低的成本参与到自主回收的过程中。有以下关系：

$$m-\frac{1}{2}\Delta\frac{t_{cycle2}-t_{cycle1}}{t_{total}}(R_0'+s)^2<2m-\frac{1}{2}\Delta\frac{t_{cycle2}-t_{cycle1}}{t_{total}}(R_0'+s)^2=2m-\frac{1}{2}\Delta\frac{t_{cycle2}-t_{cycle1}}{t_{total}}R_0^2$$

此时，企业自主回收方式的成本仍较高，企业会采取委托第三方回收的方式进行回收。

当 $R_0'+s<R_0$，即政府补贴的 s 部分并没有直接体现在企业生产投入当中，而是以减免的方式进行补贴，此时 $R_0'<R_0$。有以下关系：

$m-\frac{1}{2}\Delta\frac{t_{cycle2}-t_{cycle1}}{t_{total}}(R_0')^2$ 与 $2m-\frac{1}{2}\Delta\frac{t_{cycle2}-t_{cycle1}}{t_{total}}R_0^2$ 的关系不确定，当 $m-\frac{1}{2}\Delta\frac{t_{cycle2}-t_{cycle1}}{t_{total}}(R_0')^2<2m-\frac{1}{2}\Delta\frac{t_{cycle2}-t_{cycle1}}{t_{total}}R_0^2$ 时，即企业初始投入成本仍较

高，企业会采取委托第三方的方式进行回收；当 $m-\frac{1}{2}\Delta\frac{t_{cycle2}-t_{cycle1}}{t_{total}}(R_0')^2>2m-\frac{1}{2}\Delta\frac{t_{cycle2}-t_{cycle1}}{t_{total}}R_0^2$，即政府初始补贴有效降低了企业初始投入成本，且降低的比例较高，企业会采取自主回收的方式进行回收。

命题6：当企业初始投入成本不变，政府对自主回收的企业进行一定程度的减免，若减免的数额较高，即 $R_m'-S_r=R_m$，则政府奖励机制下的销售价格分别为：

$$S_1=\varphi-\frac{m\Delta\varphi R_m}{2m-\Delta\frac{t_{cycle2}-t_{cycle1}}{t_{total}}R_0^2}$$

$$S_2=\varphi-\frac{2m\Delta\varphi R_m}{4m-\Delta\frac{t_{cycle2}-t_{cycle1}}{t_{total}}R_0^2}$$

销售价格对 R_m 求导可知：

$$\begin{cases}\dfrac{dS_1}{dR_m}=-\dfrac{m\Delta\varphi}{2m-\Delta\frac{t_{cycle2}-t_{cycle1}}{t_{total}}R_0^2}\\[2ex]\dfrac{dS_2}{dR_m}=-\dfrac{2m\Delta\varphi}{4m-\Delta\frac{t_{cycle2}-t_{cycle1}}{t_{total}}R_0^2}\end{cases}$$

$2m-\Delta\frac{t_{cycle2}-t_{cycle1}}{t_{total}}R_0^2<4m-\Delta\frac{t_{cycle2}-t_{cycle1}}{t_{total}}R_0^2$，$m\Delta\varphi<2m\Delta\varphi$，因而 $-\frac{m\Delta\varphi}{2m-\Delta\frac{t_{cycle2}-t_{cycle1}}{t_{total}}R_0^2}>-\frac{2m\Delta\varphi}{4m-\Delta\frac{t_{cycle2}-t_{cycle1}}{t_{total}}R_0^2}$。从上述结果可以看出，尽管政府有所补贴，但政府后期的补贴可能并不足以弥补企业的投入成本，企业还是会选择委托第三方回收的方式进行回收。

基于政府参与的生产者利润最大化模型分析，总结如下：

当政府对生产者存在奖惩机制时，企业自主回收相比委托第三方回收的曲线有所变化，当政府对生产者采取先期补贴的方式时，政府奖惩机制的提升，会使生产者先选择自主回收的方式，后选择第三方委托回收的方式进行回收活动，以提升回收率。

当政府对生产者的补贴并不是直接补贴，而是以减免的方式进行时，当补贴程度较高，生产者会选择自主回收的方式进行回收，此时政府的鼓励政策激励了生产者以主动承担回收责任的方式回收废铅蓄电池。

当企业初始投入不变，政府对企业的补贴是在生产者选择自主回收时，对回收的废铅蓄电池再制造为新品时进行补贴，此时生产者最终的选择行为是选择委托第三方回收的方式。可能的原因是，先期的补贴成本 R_0 较高，生产者不仅需要满足政府要求的回收率，而且需要在高额成本下进行回收利用活动，政府的补贴是在 R_m 时，生产者主动回收的愿望并不强烈。

综上所述，不同的基准情景下，企业的最优模式选择有所差异（如表6－1 所示）。生产者有必要针对政府的政策目标要求和自身的生产条件进行最优选择，同时研究也表明，政府的奖惩力度越大，对于企业提升回收率的动力也越充分。在我国废铅蓄电池回收问题日益突出的当下，有必要通过合理的目标回收率设置和经济激励政策提升生产者的回收积极性，提高废铅蓄电池的回收利用水平。

表6－1　　不同目标导向下的选择结论

目标导向	核心结论
回收率最大化目标	生产者的独立回收渠道具有最高的回收率，并且具有最高的效率和最大的渠道利润。 当生产者尚不能建立独立的回收渠道时，委托第三方回收和委托分销商回收渠道各有优势：当政府奖惩机制的力度较小时，生产者对回收率缺乏动力，将选择第三方回收渠道；当政府的奖惩机制力度更大时，生产者对回收率目标具有更高动力，他们会选择委托分销商回收渠道
利润最大化目标	在生产者利润最大化条件只与初始投入成本相关的情况下：如果市场是利好状态，生产者会选择自主回收方式；如果市场需求情况欠佳，则生产者会选择第三方委托回收的方式。 当生产者利润最大化条件与再投入成本存在相关性时，生产者的选择行为取决于再投入成本：当市场规模足够大时，生产者会根据企业自身的经营情况、人员使用情况、资源占有量等，自由选择是独立回收还是选择委托第三方回收。若此时生产者希望有更高的回收率，则将倾向于采取自主回收的方式

续表

目标导向	核心结论
政府奖惩机制作用下的模式选择	当政府对生产者存在奖惩机制时： 若采取先期补贴的方式，政府奖惩机制的提升，会使生产者先选择自主回收的方式，后选择第三方委托回收的方式进行回收活动，以提升回收率。 当政府激励机制不是直接补贴，而是以减免的方式进行时，若减免力度较大，生产者会选择自主回收的方式进行回收。 当政府的激励机制是在生产者选择自主回收的情况下，对回收的废铅蓄电池再制造为新品时进行补贴，则生产者最终的选择行为是委托第三方回收的方式

第七章
结论与政策建议

第一节 结　论

本书基于目前国内废铅蓄电池存在的回收利用流程不规范、正规回收利用水平不足、环境污染风险较高等主要现实问题，从铅蓄电池发展状况和回收利用状况出发，研究了在实践中最常见的生产者逆向回收利用模式和第三方社会化回收利用模式。为更好地理解回收中各环节主体所面临的问题和有助于提升回收水平的影响因素，以设计合理的废铅蓄电池回收利用模式，本书在第五章和第六章分别基于主体行为分析和回收利用模式设计进行了研究。第五章对主体行为的分析表明，消费者、经销商/维修商、回收商、再生铅企业和生产者受到价格因素、法规因素和非法产业链影响因素等的影响，解决这些问题有助于更好地提升回收水平。第六章基于对生产者行为偏好的分析，构建了 EPR 制度下的博弈模型，研究最优回收利用模式问题。研究表明，在回收率最大化和利润最大化目标下，生产者在面临不同的市场状态时会选择不同的模式策略。并且，政府的奖惩政策有助于激励企业参与正规回收，提高正规回收水平。因此，政府有必要进一步健全废铅蓄电池回收利用政策，为废铅蓄电池回收市场的发展创造更加良好的环境，促进行业健康可持续发展。

第二节　政 策 建 议

一、政府层面：健全政策、经济措施与法规相得益彰

（一）严格环境准入，推进废铅蓄电池回收利用依法合规

本书的研究表明，合理的政策设置有助于促进企业主动参与正规回收，规范市场环境。发达国家的回收管理经验也表明，促进回收的第一要务是对回收环节进行立法和规范化管理，强化源头管控，避免产生由于处置不当或者监管不到位等问题造成环境污染。

一方面，政策法规要更加系统化。目前在铅蓄电池产业污染防治中缺乏涵盖事前、事中、事后的完善的法律法规体系，我国铅蓄电池行业的法律法规和政策正在不断完善，但主要体现在“发展规划”“生产许可”和“环境保护”三个方面，解决的是短期的、局部的问题，有必要立足长远，提前谋划综合防治规划、长效管理办法以及配套的专项整治行动。在地方政府和企业社会责任的考核中引入环境评价指标，强化问责机制，扣紧并守住环境保护的红线。

另一方面，环境准入工作需要进一步细化。要建立健全废铅蓄电池收集、贮存、转移、利用处置等全过程的法律法规及实施细则，严格执行铅蓄电池生产及再生行业的准入条件和环保标准，依法关闭不合规企业，并避免低水平重复建设。以重视含铅废料的综合回收利用为目标，逐步制定出相应的法律法规，明确统一的管理机构、统一的回收转运资质、统一的技术处理标准，各级政府行政管理部门应定期或不定期对资质履行情况进行现场核查，并制定相应的经济政策支持再生铅工业发展，在政策与经济上扶持无污染再生铅技术推广应用，走可持续发展道路。

（二）加快试点工作，推动试点成功经验在全国范围推广

按照2019年生态环境部与交通运输部联合下发的《铅蓄电池生产企业集中收集和跨区域转运制度试点工作方案》，在我国20个省市开展铅蓄电池生产企业集中收集和跨区域转运制度试点工作。废铅蓄电池的管理是一个系统工程，牵扯面广，影响因素复杂，为便于在全国范围内对废铅蓄电池进行有效管理，有必要将近些年试点地区和试点单位的成功经验进行推广。

例如，为推行生产者责任延伸制度，建立铅蓄电池可追溯系统，对产品实施全生命周期管理。国家环境保护铅蓄电池生产和回收再生污染防治工程技术中心联合铅蓄电池知名企业制定《铅蓄电池二维码身份信息编码规则》①，统一企业和铅蓄电池产品的身份信息标识规则，建立行业大数据信息平台，接入生产企业、回收企业、经销商、物流商、再生企业等不同单位，规范产品的生产、使用及回收利用环节，运用大数据和物联网技术实现废铅蓄电池全过程可视化管理，防止废铅蓄电池流入非法企业。

再如，“疏堵结合”的废铅蓄电池管理模式。一些地区为提高废铅蓄电池正规回收效率，建议采取“疏堵结合”的管理模式。“疏”即疏通跨省转移障碍，通常情况下，跨省转移计划的有效期为一年，但办理时间最快也要3~4个月，导致回收电池在库房内大量囤积，存在重大安全隐患，因此建议简化跨省转移审批流程，缩短审批时间。“堵”即打击非法回收冶炼，也就是建议持续打击非法回收冶炼企业，配合公安的执法部门，进一步加大打击力度，依法从严处置非法企业和个人，形成良好的社会风气，规范废铅蓄电池回收市场秩序。

（三）探索经济政策，促进相关参与主体回收利用积极性

本书研究表明，政府的奖惩政策对于提升企业回收废铅蓄电池的积极性具有非常重要的影响。广泛借鉴国外发达国家在废铅蓄电池管理中好的

① 中国电池工业协会．铅蓄电池二维码身份信息编码规则［EB/OL］. http：//www. chinabattery. org/uploadfiles/attached/file/20180420/铅蓄电池二维码身份信息编码规则 . pdf.

做法和经验，结合我国实际，深入探索研究有关管理模式，制定相关经济政策，建立补偿机制和激励机制，发挥市场经济杠杆作用。

一方面，运用税费、信贷、拨款、补贴等经济手段，贯彻经济利益原则，处理国家集体和个人之间、污染者与被污染者之间的各种经济关系，达到控制污染环境的行为，调动各方面参与主体保护环境的积极性。例如，对于符合国家和地方环保标准、依法开展综合利用的铅蓄电池企业，免征环境保护税；鉴于回收企业的大部分电池来源是电池售卖维修网点或个人，无法取得增值税发票，缺少进项税抵扣，因此可建议参照小规模纳税人的标准，按3%的税率申请税务部门代开发票；组织力量严惩再生铅不开增值税发票的个体厂商，依法追究偷税漏税的违法行为，创造依法合规的良好市场环境。

另一方面，在目标管理制的生产者责任延伸制度基础上，探索结合押金返还制提升铅蓄电池回收率。鉴于生产者责任延伸制度的高价值和高污染双重属性，目前一些国家已经开始实施电池的押金返还制度或基金制度，我国一些实践的过程中也采取过“以旧换新”等方式，其关键在于将废铅蓄电池的回收处理费用贯穿到铅蓄电池全生命周期流转过程中。因此，可以考虑在目标管理制的基础上，探索研究实行消费者在购买新的铅蓄电池时，交纳一定的押金，消费者使用后交回废铅蓄电池，商家再退还押金；或者探索研究建立铅蓄电池管理基金，基金可以用于补贴废铅蓄电池回收企业和单位，还可用于补贴冶炼企业，还可用于培训、科研、宣传教育和奖励等方面，以提升铅蓄电池全生命周期绿色化水平。

二、行业层面：提档升级，加快推动相关技术的革新

（一）强化技术研发，提升回收再利用技术水平

考虑到废旧铅蓄电池回收价值高和报废后具有危险两个特点，铅蓄电池行业和相关企业需要履行环境损害责任、经济责任、物质责任、所有权责任和信息披露责任，以促进铅蓄电池的规范有序回收和再利用。

其一，实施高风险污染物削减行动计划，加快铅蓄电池生产企业技术

改造，采用更加先进的工艺设备，推动无污染再生铅技术的推广应用。支持新型铅蓄电池、铅蓄电池共性关键技术、成套装备研发和示范应用，推动先进工艺技术加快转化应用。鼓励胶体铅蓄电池、卷绕式铅蓄电池和双极性等新型蓄电池的研究与发展，提高比功率和铅利用率。

其二，发挥协会的桥梁与纽带作用，为企业创造沟通与交流的平台，同上游铅、隔板等行业，下游车辆、机电设备等行业组成联合研发体，组成联盟共同研发，增强产业的研发能力，着力研发绿色回收利用新工艺与新技术，淘汰落后工艺装备和落后产能。

其三，落实企业环境保护主体责任，督促企业开展环境安全、隐患排查检查，提高环境风险防范能力，有效控制生产过程的环境污染，实现清洁生产。规范铅蓄电池回收与再生利用市场，减少废铅蓄电池对环境的污染，向无害化和资源节约型方向发展。

（二）探索“互联网+”技术提升正规回收效率

对于铅蓄电池行业企业，为更好地履行生产者延伸责任，有必要采取更加先进化的技术手段提高自身的正规回收效率和回收水平。《铅蓄电池生产企业集中收集和跨区域转运制度试点工作方案》要求各地强化废铅蓄电池收集转运信息化监督管理，《铅蓄电池回收利用管理暂行办法（征求意见稿）》中也提到“全生命周期统一编码”“关键节点电子台账制度”“铅蓄电池全生命周期管理信息系统”等，随着“互联网+”时代的到来，应用大数据和物联网技术实现铅蓄电池的全生命周期管理，促进废铅蓄电池回收，已经成为重要趋势。

要实现铅蓄电池的全生命周期管理，意味着从新电池出生到废电池的消亡，所有的数据管理要保证真实有效，真正实现铅蓄电池的“来源可查、去向可追、监督留痕、责任可究”。因此，有必要推动铅蓄电池生产企业利用电子标签、二维码等先进的物联网技术跟踪铅蓄电池流向，建立废铅蓄电池回收数据监管系统，确保废铅蓄电池收集、贮存、转移、利用和处置全过程符合国家相关法律法规的要求，防止废铅蓄电池流向不法商贩，有效遏制非法拆解和土法炼铅等行为。有必要建设电池生产企业、销售商、收集企业、再生铅企业和社会公众广泛参与的废铅蓄电池行业公共信息平台，使相关企业和社会公众能够快速及时地了解废铅蓄电池相关信息，以提高废铅蓄电池收集率，促进企业间的合作。在技术允许的情况下，可以进一步建立移动终端 App 提高社会面的参与率，例如，门店通过终端 App 发起出售信息，由代理商的配送员在 App 接受订单，配送员上门回收消费者的电池并贴码，运回代理商仓库后按型号码放至不同的托盘，扫描入库，可以有效提升消费者的回收渠道可获得性，提高回收工作人员的效率。

三、社会层面：加强教育，重塑全民环保意识与环保责任

规范消费端在废铅蓄电池正规收集处理中的责任和义务，明确个人消费者应在销售点或维修点通过“以旧换新”交回废铅蓄电池；对公众进行广泛的废铅蓄电池环境健康危害宣传教育，在铅蓄电池销售点张贴公益海报或者发放宣传册，制作公益视频广告并加大宣传力度，让社会公众认识到非法再生铅企业对人体健康和周围环境的危害，引导消费者将废铅蓄电池交给合法收集企业，并积极配合国家和地方政府取缔非法再生铅企业。让公众认识到任意抛弃和处置废铅蓄电池的危害性，废铅蓄电池必须进行再回收利用，同时认识到土法回收铅企业对工人身体健康和周围环境及居民健康构成巨大威胁，积极配合国家和地方政府取缔这些小企业。以全方位、多层次的环保教育，重塑全民的环保意识和环保责任。

附　录

附录一：废铅蓄电池相关的政策法规*

法规/政策	时间	要点
中华人民共和国固体废物污染环境防治法	1995 年	用完的电池被视为危险废物，应分开收集
危险废物污染防治技术政策	2001 年	提出废铅酸电池必须进行回收利用，不得用其他办法进行处置，其收集、运输环节必须纳入危险废物管理。鼓励发展年处理规模在 2 万吨以上的废铅酸电池回收利用，淘汰小型的再生铅企业，鼓励采用湿法再生铅生产工艺
清洁生产标准废铅酸蓄电池回收业	2009 年	规定了废铅酸蓄电池铅回收业清洁生产的一般要求，明确了再生铅火法和湿法两种冶炼工艺的清洁生产指标要求，并提供了具体指标的计算方法
废铅酸蓄电池处理污染控制技术规范	2010 年	规定了废铅蓄电池收集、贮存、运输、利用和处置过程的污染控制要求，鼓励由铅蓄电池生产企业及铅生产企业共同建立国内跨行政区域废铅酸蓄电池的回收体系，通过企业自有销售渠道或再生铅企业、专业收集企业在消费末端建立的网络收集废铅蓄电池；在贮存、运输过程中要注意环境泄露风险；再生产企业要控制污染，达到清洁生产的要求
再生铅行业准入条件	2012 年	指出再生铅行业包括废铅蓄电池等含铅废料的回收利用要求
关于促进铅酸蓄电池和再生铅产业规范发展的意见	2013 年	明确了废铅蓄电池的发展要求，强调加大其产能淘汰力度，严格行业准入和生产许可管理，加强铅蓄电池企业的清洁生产审核，通过落实生产者责任延伸制度和规范个体商贩回收行为来构建有序的回收利用体系，并加强政策引导和执法监管，鼓励社会对企业违法行为进行监督与举报
再生铅行业规范条件	2016 年	规定从 2017 年 1 月 1 日起，政府将对再生铅生产项目进行规范管理。也对废铅蓄电池回收提出了更高的要求，量化了对回收环节的约束，如规定“废铅蓄电池预处理项目规模应在 10 万吨/年以上”“废铅蓄电池破损率不能超过 5%”，为回收、运输过程中自然破损的废铅蓄电池得到安全合适的处理提供了相应依据

* 附录一为废铅蓄电池相关政策/法规的具体内容，由课题组整理。

续表

法规/政策	时间	要点
生产者责任延伸制度推行方案	2016 年	明确提出率先对铅蓄电池等 4 类产品实施生产者责任延伸制度，采取自主回收、联合回收或委托回收模式，通过生产者自有销售渠道或专业回收企业在消费末端建立的网络回收废电池
废铅蓄电池污染防治行动方案	2019 年 1 月	明确收集率目标和各部委责任分工，提出建立铅蓄电池相关行业企业清单，推进铅酸蓄电池生产者责任延伸制度，开展废铅蓄电池集中收集和跨区域转运制度试点，加强汽车维修行业废铅蓄电池产生源管理等措施
铅蓄电池生产企业集中收集和跨区域转运制度试点工作方案	2019 年 1 月	建立铅蓄电池生产企业集中收集模式，规范废铅蓄电池转运管理要求，强化废铅蓄电池收集转运信息化监督管理
中华人民共和国固体废物污染环境防治法（2020 年修订版）	2020 年 4 月	明确规定国家建立铅蓄电池等产品的生产者责任延伸制度，生产者应当按照规定以自建或者委托等方式建立与产品销售量相匹配的废旧产品回收体系，并向社会公开，实现有效回收和利用，国家鼓励产品的生产者开展生态设计，促进资源回收利用
废铅蓄电池危险废物经营单位审查和许可指南（试行）	2020 年 5 月	对从事废铅蓄电池利用和处置经营活动的技术人员、运输、包装与台账、贮存设施、利用处置设施及配套设备提出了具体要求，以进一步规范废铅蓄电池危险废物经营许可证审批和证后监管工作，提高废铅蓄电池污染防治水平
国家危险废物名录（2021 年版）	2020 年底	将废铅蓄电池及废铅蓄电池拆解过程中产生的废铅板、废铅膏和酸液列入危废名录

附录二：废铅蓄电池回收主体行为问卷*

（一）铅蓄电池消费者回收利用行为调查问卷（共收回有效答卷845份）

铅蓄电池消费者回收利用行为调查问卷

为进一步优化铅蓄电池的回收利用，国家发改委经济体制与管理研究所、生态环境部固体废物与化学品管理技术中心拟对您使用铅蓄电池的相关情况及回收建议进行调研，非常感谢您抽出宝贵的时间完成本次问卷调查。

PART Ⅰ. 您的概况

1. 您的性别：［单选题］

○男

○女

2. 您的年龄：［单选题］

○18岁以下

○18～30岁

○31～50岁

○50岁以上

* 附录二为课题组向消费者、生产者、经销商与维修商、回收企业、再生铅企业等铅蓄电池行业的相关主体发送的问卷详情。

3. 您的学历：[单选题]

○初中及以下

○高中及专科

○大学本科

○硕士

○博士

4. 您目前从事的职业：[单选题]

○全日制学生

○生产人员

○销售人员

○市场/公关人员

○客服人员

○行政/后勤人员

○人力资源

○财务/审计人员

○文职/办事人员

○技术/研发人员

○管理人员

○教师

○顾问/咨询

○专业人士（如会计师、律师、建筑师、医护人员、记者等）

○家庭主妇

○其他

5. 您的居住城市：

6. 请问您拥有汽车还是电动自行车？[单选题]

○汽车

○电动自行车

○汽车和电动自行车都有

7. 请问您的电动自行车使用的是锂电池还是铅酸蓄电池？[单选题]

○锂电池

○铅酸蓄电池

○不知道

8. 请问您的电动自行车的铅蓄电池更换周期是多长时间［单选题］

○1 年以内

○1 ~ 2 年

○2 ~ 3 年

○3 年以上

9. 您在处理电动自行车的废铅蓄电池时一般的售卖价格是［单选题］

○0 元（没要钱）

○20 元以内

○20 ~ 40 元

○40 ~ 60 元

○60 元以上

10. 请问您的汽车启动的铅蓄电池更换周期是多长时间［单选题］

○2 年以内

○2 ~ 3 年

○3 ~ 4 年

○5 年以上

11. 您在处理废汽车启动铅蓄电池时一般的售卖价格是［单选题］

○0 元（没要钱）

○40 元以内

○40 ~ 80 元

○80～120 元

○120～150 元

○150 元以上

12. 您曾以哪种方式处理废铅蓄电池［多选题］

□维修/更换新电池时将废铅蓄电池交给零售商/维修商

□在网上购买新电池时折价交回废铅蓄电池

□呼叫汽车 4S 店救援时直接交给维修人员

□汽车保养时直接交给 4S 店

□未处理过

□其他________

13. 请对您处理废铅蓄电池时的主要影响因素进行衡量：［排序题，请在中括号内依次填入数字］

［ ］便捷程度：与回收点的距离

［ ］回收价格：回收所得报酬

［ ］回收资质：回收站是否具有危废产品回收资质

［ ］其他：________

PART Ⅱ. 您的意愿

14. 请问您对废铅蓄电池问题的关注程度如何

［输入 0（不关注）到 100（非常关注）的数字］

15. 请问您对废铅蓄电池回收方式的了解程度如何

［输入 0（不了解）到 100（非常了解）的数字］

16. 请问您认为随意丢弃废铅蓄电池对环境的危害程度如何

［输入 0（没什么危害）到 100（危害非常大）的数字］

17. 请问您对非正规处理废铅蓄电池弊端的认知程度如何

[输入0（不了解）到100（非常了解）的数字]

18. 请问您是否了解相关法规已规定居民在回收过程中负有责任

[输入0（不了解）到100（非常了解）的数字]

19. 请问如果您的邻居朋友向您介绍废铅蓄电池的回收经验，您是否也愿意践行

[输入0（不愿意）到100（非常愿意）的数字]

20. 请问您是否觉得从自身做起支持废铅蓄电池回收十分必要

[输入0（没必要）到100（十分必要）的数字]

21. 请问您认为消费者在废铅蓄电池回收过程中承担的责任多大

[输入0（无须承担任何责任）到100（需要承担很大责任）的数字]

22. 请问您是否认为您周围的废铅蓄电池回收设施不齐全

[输入0（不认同）到100（非常认同）的数字]

23. 请问您是否认为您没有时间将废铅蓄电池交回指定回收地点

[输入0（没有时间）到100（有充足时间）的数字]

24. 请问您是否曾经参与过“以旧换新”“折价回收”等废铅蓄电池回收活动

[输入0（没参加过）到100（参加过非常多）的数字]

25. 请问您是否曾经将废铅蓄电池送给/卖给小型废品回收商贩

[输入0（没有）到100（非常多次）的数字]

26. 请问您能否接受在废铅蓄电池回收过程中支付一定的运输费用

［输入0（不接受）到100（乐意接受）的数字］

27. 请问您能否接受在将废铅蓄电池交给回收商时支付一定的处理费用

［输入0（不接受）到100（乐意接受）的数字］

28. 请问您对配合废铅蓄电池进行正规回收的意愿程度如何

［输入0（不愿意）到100（非常愿意）的数字］

29. 如果可能，即使价格更低一些，您也更愿意将废铅蓄电池卖给正规回收商而非不正规商贩

［输入0（不愿意）到100（非常愿意）的数字］

PART Ⅲ. 您的更多想法与建议

30. 请对您最愿意接受的废铅蓄电池回收方式进行排序［排序题，请在中括号内依次填入数字］

［ ］通过线上网络回收

［ ］通过社区组织回收

［ ］卖给流动回收人员

［ ］交还给零售商/维修商

［ ］送到汽车4S店/电动自行车销售门店

［ ］其他________

31. 请您对能鼓励您参与废铅蓄电池回收的措施进行排序［排序题，请在中括号内依次填入数字］

［ ］普及废铅蓄电池回收知识

［ ］可以获得一定的回收报酬

［ ］政府部门的号召与鼓励

[ ] 打造便捷的回收方法和回收渠道

[ ] 相关制度和法律的约束和要求

[ ] 其他________

32. 请您对废铅蓄电池的回收提出宝贵的建议：

（二）铅蓄电池经销商与维修商回收利用行为调查（共收回有效答卷88份）

铅蓄电池经销商与维修商回收利用行为调查

为进一步优化铅蓄电池的回收利用，现拟对您的相关情况及建议进行调研，非常感谢您抽出宝贵时间完成本次问卷调查。

数据填写提示：

数据以近3年平均业绩水平为基准填写。

PART Ⅰ. 您的概况

1. 贵店所在城市：

2. 贵店类型：[单选题]

○电动自行车经销商/维修商（线上线下同时销售）

○电动自行车经销商/维修商（只在线下销售）

○汽车4S店销售商/维修商（线上线下同时销售）

○汽车4S店销售商/维修商（只在线下销售）

3. 贵店平均每年回收的废铅蓄电池量占铅蓄电池销售量的比例：____%

备注：可按块数计算百分比［单选题］

○10%及以下

○10%～30%

○30%～50%

○50%～70%

○70%及以上

4. 贵店回收废铅蓄电池的价格一般占铅蓄电池原价的比例：%（折价回收）[单选题]

○10% 以下（1 折回收）

○10% ~30%（1~3 折）

○30% ~50%（3~5 折）

○50% ~80%（5~8 折）

○80% 以上（8 折以上）

5. 请对贵店回收的废铅蓄电池销售给不同类型企业所占比例排序 [排序题，请在中括号内依次填入数字]

[ ] 小型废铅蓄电池回收商贩

[ ] 废铅蓄电池回收企业

[ ] 铅蓄电池生产企业

[ ] 再生铅生产企业

[ ] 其他

PART Ⅱ. 您的意愿

6. 请问贵店对铅蓄电池产品的环保属性认知程度如何

[输入 0（不了解）到 100（非常了解）的数字]

7. 请问贵店对非正规处理废铅蓄电池弊端的认知程度如何

[输入 0（不了解）到 100（非常了解）的数字]

8. 请问贵店在进购商品时对铅蓄电池产品的环保属性的关注程度如何

[输入 0（不关注）到 100（非常关注）的数字]

9. 请问贵店对废铅蓄电池的回收处理问题的关注程度如何

10. 请问贵店是否支持鼓励对所售产品的废铅蓄电池进行回收
[输入0（不支持）到100（非常支持）的数字]

11. 请问贵店认为经销商/维修商在废铅蓄电池回收处理过程中所负责任有多大
[输入0（没有责任）到100（责任很大）的数字]

12. 请问贵店是否了解并始终践行废铅蓄电池回收相关法律法规
[输入0（不了解）到100（了解并始终践行）的数字]

13. 请问贵店是否会在销售过程中告知消费者废铅蓄电池的危害
[输入0（不会）到100（会）的数字]

14. 请问贵店是否会在销售过程中鼓励消费者返还废铅蓄电池
[输入0（不了解）到100（非常了解）的数字]

15. 请问贵店是否开展废铅蓄电池“折价回收”“以旧换新”等回收业务
[输入0（未开展）到100（长期开展）的数字]

16. 请问贵店是否会将处理的废铅蓄电池直接卖给小型废品回收商贩
[输入0（不会）到100（总是会）的数字]

17. 请问贵店是否认为目前废铅蓄电池回收过程中存在回收渠道不通畅的问题（例如消费者不愿意返还、找不到合适的铅蓄电池回收商等）
[输入0（不认同）到100（非常认同）的数字]

18. 请问贵店回收的废铅蓄电池是否难以找到并交还废铅蓄电池给正规的回收商或铅蓄电池原厂家

[输入0（不难）到100（非常困难）的数字]

19. 请问贵店是否愿意在回收废铅蓄电池过程中承担所需的仓储和运输成本

[输入0（不愿意）到100（非常愿意）的数字]

20. 请问贵店对通过押金制度来提高废铅蓄电池的回收率的意愿程度

（备注：押金制是指消费者在购买铅蓄电池时交付一定押金，当产品使用完成后，消费者将废铅蓄电池返还给您并取回之前所付押金。）

[输入0（不同意）到100（非常赞同）的数字]

21. 如果可能，即使价格更低一些，贵店也更愿意将废铅蓄电池卖给正规回收商而非不正规的商贩

[输入0（不愿意）到100（非常愿意）的数字]

22. 如果可能，贵店愿意主动与铅蓄电池生产厂家或正规回收商联系，出售/返还自己回收的废铅蓄电池

[输入0（不愿意）到100（非常愿意）的数字]

PART Ⅲ. 您的观点与建议

23. 请对贵店在废旧铅蓄电池回收过程中主要考虑的因素进行排序[排序题，请在中括号内依次填入数字]

[ ] 政府的政策法规因素

[ ] 废铅蓄电池回收者的环保水平

[ ] 行业协会的提倡和号召

[ ] 与生产企业建立回收联盟

[ ] 废铅蓄电池的处置售卖价格

[ ] 回收废铅蓄电池的难易程度

[ ] 其他

24. 请对贵店认为提高废铅蓄电池回收率的有效途径进行排序［排序题，请在中括号内依次填入数字］

[ ] 提高回收价格

[ ] 推出“以旧换新”“折价回收”等活动

[ ] 推行废铅蓄电池返还的“押金制”

[ ] 建立更健全的线上线下回收网络

[ ] 提高铅蓄电池生产者的回收积极性

[ ] 提高废旧铅蓄电池回收处理企业的回收积极性

[ ] 政府对经销商/维修商采取适当的补贴等激励政策

[ ] 其他

25. 对于提升社会废铅蓄电池回收利用率，您的更多想法：

____

（三）废铅蓄电池回收企业行为调查（共收回有效答卷17份）

废铅蓄电池回收企业行为调查

为进一步优化铅蓄电池的回收利用，国家发改委经济体制与管理研究所拟对贵公司相关情况及建议进行调研，非常感谢您抽出宝贵的时间完成本次问卷调查。

本次问卷采取匿名调查形式，请您放心填写。

数据填写提示：

1. 数据以近3年平均业绩水平为基准填写；

2. 当您填写的数据单位与问卷中给出的参考单位不一致时，请您在填写数据的同时，标出您在填写数据时使用的数量单位。

PART Ⅰ. 企业概况

1. 企业所在地：

2. 本企业废铅蓄电池年均回收量____万吨［填空题］

3. 本企业废铅蓄电池平均回收成本____元/吨［填空题］

4. 本企业废铅蓄电池平均存储成本____元/吨［填空题］

5. 本企业废铅蓄电池平均运输成本____元/吨［填空题］

6. 本企业废铅蓄电池平均销售价格____元/吨［填空题］

7. 本企业废铅蓄电池回收过程中的破损率____% ［填空题］

PART Ⅱ. 回收阶段

8. 本企业从下述渠道回收的废铅蓄电池所占比例：［填空题］

（1）消费者____%

（2）经销商或维修商____%

（3）个体回收商____%

（4）其他____%

9. 对废铅蓄电池回收过程中存在的主要问题进行排序［排序题，请在中括号内依次填入数字］

［ ］政府对回收再利用行为的税收优惠等政策支持力度不够

［ ］环保等各项资质审批流程烦琐

［ ］消费者回收再利用的环保意识欠缺

［ ］经销商或维修商回收积极性有待提升

10. 本企业具有________个省份或地级市的“废铅蓄电池收集许可证”［填空题］

11. 本企业从申请“废铅蓄电池收集许可证”到审批完成，整个流程所耗时长［单选题］

○低于1年

○1～3年

○3年及以上

12. 如果简化“废铅蓄电池收集许可证”的审批流程，对提高本企业废铅蓄电池回收率的影响程度

［输入0（无实质性影响）到100（非常有帮助）的数字］

13. 对“废铅蓄电池收集许可证”审批流程的相关建议：

PART Ⅲ. 存储与运输阶段

14. 本企业是否具有废铅蓄电池暂存库或集中库［单选题］

○是

○否

15. 本企业存储废铅蓄电池是否存在难度

［输入0（易）到100（难）的数字］

16. 对废铅蓄电池存储业务的问题反映及建议：

17. 本企业是否涉及废铅蓄电池“跨省转移业务”［单选题］

○是

○否

18. 本企业的废铅蓄电池“跨省转移”是否存在耗时长、成本高的问题［单选题］

○只存在耗时长问题

○只存在成本高问题

○耗时长、成本高问题并存

○不存在上述问题

19. 对废铅蓄电池转移（运输）过程中的其他问题的反映与政策建议：

PART Ⅳ. 销售阶段

20. 本企业的不同类型下游企业所占比例：［填空题］

（1）再生铅生产企业____%

（2）铅蓄电池生产企业____%

（3）下游回收企业____%

（4）其他____%

21. 以下哪种情形能够显著提升本企业的出售意愿（请排序）［排序题，请在中括号内依次填入数字］

［］买家给出的价格水平高

［］买家具有废铅蓄电池处理资质

［］买家距离本企业的地理位置很近

［］其他

PART V. 您的观点与建议

22. 对于提升社会废铅蓄电池回收利用率，您的更多想法：

（四）再生铅企业废铅蓄电池回收利用行为调查（共收回有效答卷 4 份）

再生铅企业废铅蓄电池回收利用行为调查

为进一步优化铅蓄电池的回收利用，国家发改委经济体制与管理研究所拟对贵公司回收利用废铅蓄电池的相关情况及建议进行调研，非常感谢您抽出宝贵的时间完成本次问卷调查。

本调查采取匿名调查形式，请放心填写。

数据填写提示：

1. 数据以近 3 年平均业绩水平为基准填写；

2. 当您填写的数据单位与问卷中给出的参考单位不一致时，请您在填写数据的同时，标出您在填写数据时使用的数量单位。

PART Ⅰ. 企业概况

1. 企业所在地：

2. 本企业废铅蓄电池年均回收量：____万吨［填空题］

3. 本企业废铅蓄电池年均处理量：____万吨［填空题］

4. 本企业通过拆解处理废铅蓄电池平均每年生产的再生铅数量：____万吨［填空题］

5. 本企业再生铅的平均售价：____元/吨［填空题］

6. 本企业回收废铅蓄电池的单位成本：____元/吨［填空题］

7. 本企业通过处理废铅蓄电池生产再生铅的单位成本：____元/吨［填空题］

8. 本企业存储废铅蓄电池的单位成本：____元/吨/年［填空题］

9. 本企业转移（运输）废铅蓄电池的单位成本：____元/吨［填空题］

PART Ⅱ. 废铅蓄电池回收

10. 本企业是否具有自建的废铅蓄电池回收体系［单选题］

○是

○否

11. 在本企业的回收体系中，通过下述三种途径回收的废铅蓄电池所占比例分别为：［填空题］

（1）企业自建回收网络____%

（2）上游回收商收购____%

12. 对废铅蓄电池回收过程中存在的主要问题进行排序［排序题，请在中括号内依次填入数字］

［］政府对回收再利用行为的税收优惠等政策支持力度不够

［］环保等各项资质审批流程烦琐

［］消费者回收再利用的环保意识欠缺

［］畅通有效的回收再利用系统亟须建立

［］经销商或维修商回收积极性有待提升

13. 如果建立合格的第三方废铅蓄电池回收组织来负责铅蓄电池的回收，对提高本企业铅蓄电池回收利用率的影响程度

（备注：该第三方组织负责废铅蓄电池回收工作，公司可通过付费来

享受服务。）

［输入0（无实质性影响）到100（非常有帮助）的数字］

14. 对建立“第三方废铅蓄电池回收组织”的相关建议：

PART Ⅲ. 废铅蓄电池存储与运输

15. 本企业是否具有废铅蓄电池暂存库或集中库［单选题］

○是

○否

16. 本企业存储废铅蓄电池是否存在难度

［输入0（易）到100（难）的数字］

17. 对废铅蓄电池存储业务的问题反映及建议：

18. 本企业是否涉及废铅蓄电池“跨省转移业务”［单选题］

○是

○否

19. 本企业的废铅蓄电池“跨省转移”是否存在耗时长、成本高的问题［单选题］

○只存在耗时长问题

○只存在成本高问题

○耗时长、成本高问题并存

○不存在上述问题

20. 对废铅蓄电池转移（运输）过程中的问题反映与政策建议：

PART Ⅳ. 废铅蓄电池处理与再利用

21. 本企业废铅蓄电池的年安全处理能力：____吨［填空题］

22. 本企业废铅蓄电池处理过程中的破损率：____%［填空题］

23. 本企业回收处理废铅蓄电池的成本主要发生在哪个环节（请排序）［排序题，请在中括号内依次填入数字］

［ ］回收环节

［ ］转移环节

［ ］存储环节

［ ］处理再利用环节

24. 最有可能降低本企业回收处理废铅蓄电池成本的环节（请排序）［排序题，请在中括号内依次填入数字］

［ ］回收环节

［ ］转移环节

［ ］存储环节

［ ］处理再利用环节

25. 本企业环保成本占总成本的比重：____%［填空题］

26. 本企业是否存在处置能力过剩（或开工率不足）的问题［单选题］

○是

○否

27. 导致再生铅企业处置能力过剩（或开工率不足）问题存在的主要原因（请排序）［排序题，请在中括号内依次填入数字］

［ ］企业运营成本高

［ ］税收优惠政策不完善

［ ］企业环保压力大

[ ] 行业整体产能过剩
[ ] 受非法再生铅产业链低成本高价格影响大

28. 降低回收处理废铅蓄电池成本的有效方法或政策建议：

PART V. 您的意见与建议

29. 关于提升社会废铅蓄电池回收利用率，您的更多想法：

（五）铅蓄电池生产企业回收利用行为调查（共收回有效答卷 4 份）

铅蓄电池生产企业回收利用行为调查

本问卷共分为 8 个部分，涉及内容包括：

Ⅰ. 企业基本信息；

Ⅱ. 企业生产经营概况；

Ⅲ ~ Ⅵ. 回收、存储、转移、处理及再利用各个阶段概况；

Ⅶ. 各个阶段单位成本情况；

Ⅷ. 您的意见与建议。

数据填写提示：

1. 数据以近 3 年平均业绩水平为基准填写；

2. 当您填写的数据单位与问卷中给出的参考单位不一致时，请您在填写数据的同时，标出您在填写数据时使用的数量单位。

PART Ⅰ. 基本信息

1. 企业名称：

2. 企业成立时间：

3. 企业所在地：

PART Ⅱ. 生产经营概况

4. 本企业铅蓄电池年均产量千伏安时：

5. 本企业铅蓄电池年均销售量千伏安时：

6. 本企业废铅蓄电池年均回收量千伏安时：

7. 本企业废铅蓄电池年均处理量千伏安时：

PART Ⅲ. 回收阶段概况

8. 本企业回收废铅蓄电池的单位成本____元/千伏安时［填空题］

9. 本企业是否具有自建的废铅蓄电池回收体系［单选题］

○是

○否

10. 在本企业的回收体系中，通过下述三种途径回收的废铅蓄电池所占比例分别为：［填空题］

（1）企业自建回收网络____%

（2）多企业联合回收____%

（3）委托第三方回收____%

11. 本企业具有____个省份的“废铅蓄电池收集许可证”［填空题］

12. 本企业从申请“废铅蓄电池收集许可证”到审批完成，整个流程所耗时长［单选题］

○低于 1 年

○1 ~3 年

○3 年及以上

13. 如果简化“废铅蓄电池收集许可证”的审批流程，对提高本企业废铅蓄电池回收利用率的影响程度

［输入 0（无实质性影响）到 100（非常有帮助）的数字］

14. 对“废铅蓄电池收集许可证”的审批流程的相关建议：

15. 对废铅蓄电池回收过程中存在的主要问题进行排序［排序题，请在中括号内依次填入数字］

［ ］政府对回收再利用行为的税收优惠等政策支持力度不够

［ ］环保等各项资质审批流程烦琐

［ ］增值税征收方式烦琐

［ ］消费者回收再利用的环保意识欠缺

［ ］受非法收集利用产业链的影响巨大

［ ］畅通有效的回收再利用系统亟须建立

［ ］经销商或维修商回收积极性有待提升

16. 如果建立合格的第三方废铅蓄电池回收组织来负责铅蓄电池的回收，对提高本企业废铅蓄电池回收利用率的影响程度

（备注：该第三方组织负责废铅蓄电池回收工作，公司可通过付费来享受服务。）

［输入0（无实质性影响）到100（非常有帮助）的数字］

17. 对建立“第三方废铅蓄电池回收组织”的相关建议：

18. 本企业存储废铅蓄电池的单位成本____元/千伏安时/年［填空题］

19. 本企业是否具有废铅蓄电池暂存库或集中库［单选题］

○是

○否

20. 本企业存储废铅蓄电池是否存在难度

［输入0（易）到100（难）的数字］

21. 对废铅蓄电池存储业务的问题反映及建议［填空题］

PART Ⅳ. 转移阶段概况

22. 本企业转移（运输）废铅蓄电池的单位成本____元/千伏安时［填空题］

23. 本企业是否涉及废铅蓄电池“跨省转移业务”［单选题］

○是

○否

24. 本企业的废铅蓄电池“跨省转移”是否存在耗时长、成本高的问题［单选题］

○只存在耗时长问题

○只存在成本高问题

○耗时长、成本高问题并存

○不存在上述问题

25. 对废铅蓄电池转移（运输）过程的问题反映与政策建议［填空题］

PART Ⅴ. 处理及再利用阶段概况

26. 本企业处理及再利用废铅蓄电池的单位成本____元/千伏安时［填空题］

27. 本企业废铅蓄电池年安全处理能力____千伏安时［填空题］

28. 本企业废铅蓄电池处理过程中的破损率____%［填空题］

29. 本企业铅蓄电池新产品生产过程中使用再生铅所占比例____%［填空题］

30. 本企业铅蓄电池新产品生产过程中使用的再生铅，从以下渠道购入的比例：[填空题]

（1）本企业自行回收处置的再生铅占________%；

（2）从其他渠道购买的再生铅占________%。

PART Ⅵ. 降低废铅蓄电池回收处理成本

31. 本企业回收处理废铅蓄电池的成本主要发生在哪个环节（请排序）[排序题，请在中括号内依次填入数字]

[ ] 回收环节

[ ] 转移环节

[ ] 存储环节

[ ] 处理再利用环节

32. 最有可能降低本企业回收处理废铅蓄电池成本的环节（请排序）[排序题，请在中括号内依次填入数字]

[ ] 回收环节

[ ] 转移环节

[ ] 存储环节

[ ] 处理再利用环节

PART Ⅶ. 各个阶段单位成本情况

33. 通过上述环节，企业自行回收处理获取铅蓄电池原材料的单位成本（成本1）是否高于企业直接购买原材料所需单位成本（成本2）？[单选题]

○是

○否

34. （接上题）若是，则成本1比成本2高出的比例

[输入0（高出0%）到100（高出100%）的数字]

35.（接前2题）成本1高于成本2的原因主要是（请排序）［排序题，请在中括号内依次填入数字］

［］非正规回收环保成本低

［］非正规回收处理成本低

［］非正规回收运输（转移）成本低

［］非正规回收收购价格高

［］其他

PART Ⅷ. 您的意见与建议

36. 企业降低回收处理废铅蓄电池成本的有效方法或政策建议［填空题］

37. 对于提升消费者回收利意识的政策建议：［填空题］

38. 对于提升经销商（维修商）回收积极性的政策建议：［填空题］

39. 对于提升合法回收再利用企业生产积极性的政策建议：［填空题］

40. 关于提升社会废铅蓄电池回收利用率，您的更多想法：［填空题］

附录三：来自不同主体的政策建议统计*

附表 3 - 1　　消费者的政策建议

序号	建议具体内容	建议条数	百分比（%）
1	加强宣传及回收相关知识的普及	73	19.78
2	在社区提供便捷的回收点，增加回收点数量	64	17.34
3	健全并增加正规回收渠道和回收途径	36	9.76
4	政府制定相应的废铅蓄电池回收的政策，通过财政补贴和行政管控对铅蓄电池的回收提供便利和优惠	25	6.78
5	合理回收，减少对环境的破坏	23	6.23
6	国家制定相关法规约束行为或强制回收	21	5.69
7	废电池回收后给予一定的报酬与积分奖励	20	5.42
8	增加回收电池的人员配备，最好有专人上门回收	13	3.52
9	统一回收统一处理，定期定点集中回收	10	2.71
10	号召全民参与，调动回收积极性	10	2.71
11	开展“以旧换新”等多种促进回收活动	10	2.71
12	加强废铅蓄电池回收的监管，规范回收市场	9	2.44
13	提高政府对非法回收点的监管整治力度，支持正规厂商处理	8	2.17
14	构建便捷完整的回收流程体系	5	1.36
15	建立并完善专门的回收设施、组织和机构	4	1.08
16	安全回收	4	1.08
17	设立自动回收站，通过机器自动评估废铅蓄电池价格并自助回收，科学化、人性化、智能化的回收	3	0.81
18	设置合理的回收价格	3	0.81
19	建立专业的回收机构或第三方回收机构	3	0.81

* 附录三为铅蓄电池行业相关主体的政策建议，由课题组整理。

续表

序号	建议具体内容	建议条数	百分比（%）
20	完善废旧电池储存处理场所	3	0.81
21	建立线上平台回收	3	0.81
22	合理定价或提高回收价格	3	0.81
23	定点定期回收	2	0.54
24	设置微信公众号或 App 普及并实施回收	2	0.54
25	电池实名制	1	0.27
26	与电池生产者或售卖者合作	1	0.27
27	建立实体店进行专业处理	1	0.27
28	加强分类回收	1	0.27
29	坚持回收	1	0.27
30	和垃圾分类等一并实施，养成习惯	1	0.27
31	统一由卖家回收	1	0.27
32	与快递或美团配送类服务公司合作	1	0.27
33	建立权威的追踪机制	1	0.27
34	严控废铅蓄电池回收点的密度	1	0.27
35	直接废除铅蓄电池	1	0.27
36	加入考驾驶证项目，与车辆对应便于追踪	1	0.27

附表 3－2　　经销商与维修商的政策建议

序号	具体建议内容	建议条数	百分比（%）
1	提高人们的回收意识与回收积极性，加强政策的宣传和普及	16	21.62
2	健全法律法规，打击非法回收组织，禁止不正规渠道自行拆解	15	20.27
3	提高回收价格，降低回收成本，对回收商家给予一定的垂直补贴和鼓励政策	13	17.57
4	形成专业统一的回收体系、回收标准与回收机构	12	16.22
5	完善线上回收制度，提高线上回收率，由买方承担邮费	6	8.11
6	在小区固定位置设置回收站	4	5.41
7	加强废铅蓄电池拆解方面的人才培养	3	4.05

续表

序号	具体建议内容	建议条数	百分比（%）
8	努力落实押金制	2	2.70
9	把控回收源头	1	1.35
10	及时回收，保护环境	1	1.35
11	实名制回收废铅蓄电池	1	1.35

附表3-3　　　　废铅蓄电池回收企业的政策建议

建议类别	具体建议内容	建议条数	百分比（%）
对“废铅蓄电池收集许可证”审批流程的相关建议	从严审批，规范市场秩序，减少恶性竞争	7	50.00
	减少审批时间，简化审批手续，提高办事效率	4	28.57
	鼓励依托新电池仓库改建废旧电池储存仓库，提高仓库建设标准	2	14.29
	废铅蓄电池收集许可证的办理更应该有省级环保部门集中审批，大型冶炼企业统一管理	1	7.14
对废电池存储业务的建议	降低存储要求，减少必要证件与培训次数，减少审核时间	5	62.50
	必须办理经营许可证，严厉打击非法搜集	2	25.00
	按防腐、防渗、防酸标准建设，只做验收不做环评	1	12.50
对废铅蓄电池转移（运输）过程中的其他问题的反映与政策建议	豁免废铅蓄电池在运输阶段的要求，降低运输成本	9	90.00
	加强监管	1	10.00
对于提升废铅蓄电池回收利用率的想法与建议	加大打击非法厂商的力度，加强对黑市的管控，严厉打击黑作坊	11	34.38
	从法律法规、政府部门市场管控等方面持续有力、不间断地规范市场，打击非法	6	18.75

续表

建议类别	具体建议内容	建议条数	百分比（%）
对于提升废铅蓄电池回收利用率的想法与建议	提高民众的环保意识和对废铅蓄电池的回收意识，宣传规范的回收行为	5	15.63
	提高合法回收企业的税收优惠，税务部门协助解决税收问题	3	9.38
	解决基层劳动者的就业问题，保障民生	2	6.25
	尽快下发回收利用管理办法指南	1	3.13
	利用现有回收渠道和从业人员多年积累的回收模式和经验，避免重复建设和摸索	1	3.13
	每个地区合理布局企业数量，避免恶性竞争	1	3.13
	处置企业检查联单，不能违法收没有手续和监管的电池	1	3.13
	利用大型冶炼企业自身建立的回收体系进行各集中储存点的管理	1	3.13

附表 3-4　　再生铅企业的政策建议

建议类别	具体建议内容	建议条数	百分比（%）
对建立“第三方回收组织”的相关建议	建议回收组织持证回收，合规转移	2	40.00
	设置转移系统电子平台，第三方转移需由试点单位审批后报送环境部门。对于未按试点单位要求开展回收，取消合作关系后，需严格审核加入第一个试点单位	2	40.00
	建议国家解决第三方废铅蓄电池回收组织的固定低税率开票问题	1	20.00
对废铅蓄电池存储业务的建议	按防腐、防渗、防酸标准建设符合要求的储存场所	2	66.66
	简化存储场所审批手续，只做验收不做环评	1	33.33
对废铅蓄电池转移（运输）过程中的政策建议	对整只废铅蓄电池豁免危险品专业车运输	2	50
	必须转移联单控制流向，但需分类监管。2800 普货车运输，但车号可以上联单平台和 2794（含破损电池）危货车运输	1	25
	加强对非法运输企业的监管整治力度	1	25

续表

建议类别	具体建议内容	建议条数	百分比（%）
降低回收处理废铅蓄电池成本的有效方法或政策建议	完善税收优惠政策，制定合理的固定税率	3	21.43
	严厉打击非法冶炼与非法产业链	3	21.43
	环保部门为规范回收企业颁发许可证，为合规企业提供回收绿色通道，打击无证销售成品铅行为	3	21.43
	分类运输废电池	1	7.14
	简化合规企业转移审批流程，促使企业供销流畅	1	7.14
	保证均衡生产的安全库存	1	7.14
	淘汰落后产能	1	7.14
	对环保指标好的企业设置资金奖励制度	1	7.14
关于提升社会废铅蓄电池回收利用率的想法与建议	加快完善税收优惠政策	4	28.57
	加大对非法再生铅产业链的追溯检查力度，对非法企业加大执法力度	4	28.57
	规范回收竞价，降低合法企业的运营成本	2	14.29
	鼓励电池生产商和规范回收企业的强强合作	1	7.14
	强制规范区域内废电池处置流程，满足规范企业产能需求	1	7.14
	继续全方位开展试点工作	1	7.14
	减少高标准企业的烦琐流程，提高企业经营效率	1	7.14

附表 3－5　　铅蓄电池生产企业的政策建议

建议类别	具体建议内容	建议条数	百分比（%）
对“废铅蓄电池收集许可证”的审批流程的相关建议	简化审批手续与环评要求，缩短办证时间	3	60.00
	放宽准入门槛，扩宽回收渠道	1	20.00
	打通各级政府壁垒，减少多头审批和不同层级管理差异	1	20.00
对建立“第三方铅蓄电池的回收组织”的相关建议	由于沉没成本和信息保密原因，不建议建立第三方回收机构	2	50.00
	设置转移系统电子平台，第三方转移需由试点单位审批后到环境部门	1	25.00

续表

建议类别	具体建议内容	建议条数	百分比（%）
对建立“第三方铅蓄电池的回收组织”的相关建议	对于未按试点单位要求开展回收回收的，取消合作关系后，需严格审核加入第一个试点单位	1	25.00
对废铅蓄电池存储业务的问题反应及建议	建议加大额定存储量	2	33.33
	简化审批手续	2	33.33
	集中中端存储运输点，提高末端网点的环保意识	1	16.67
	豁免废铅蓄电池收集、储存和运输环节要求	1	16.67
对废铅蓄电池转移（运输）过程中的政策建议	豁免废铅蓄电池的部分运输要求，针对完好不富液电池使用普通货车运输	3	100
企业降低回收处理废铅蓄电池回收处理成本的有效方法或政策建议	打击非法冶炼、非法回收、非法销售的行为	3	42.86
	为合规企业提供更多的财政补助、政策支持与税收优惠政策	2	14.29
	淘汰落后产能	1	14.29
	与再生铅企业合作，形成生产—回收—处置—再利用闭环	1	14.29
对于提升消费者回收意识的政策建议	产业链企业联合政府部门加大对环境保护和废铅蓄电池回收宣传和引导工作	3	50.00
	给予规范处置电池的消费者一定的经济补助	1	16.67
	严厉打击非法回收	1	16.67
	提高参与“以旧换新”活动或主动交回废电池车主的环保信用等级	1	16.67
对于提升经销商回收积极性的政策建议	给予规范处置铅蓄电池的经销商（维修商）更多的经济补助	1	25.00
	提高企业政策优惠力度，由企业反哺经销商	1	25.00
	加大经销商（维修商）暂存废电池管理，推动收集网点建设	1	25.00
	争取新电池进项能够与废电池销项结合	1	25.00

续表

建议类别	具体建议内容	建议条数	百分比（%）
对于提升合法回收再利用企业生产积极性的政策建议	打击非法回收、处置行为的力度，稳定市场秩序	2	28.57
	加大对生产企业进行合伙经营的企业的政策扶持力度与税收优惠政策	2	28.57
	提高行业门槛，制定淘汰机制	1	14.29
	提高退税比例	1	14.29
	推动生产企业和处置企业联合	1	14.29
关于提升社会废铅蓄电池回收率的更多建议和想法	加快回收网络体系的建设工程	1	12.50
	加大对回收体系的政府引导和宣传工作，普及回收意识，倡导全民参与	2	25.00
	政策和经济上给予产业链更多扶持，调动企业积极性	2	25.00
	完善回收相应法规，减少非法途径回收的可能性	1	12.50
	豁免收集、储存和运输环节要求，注重管控处置利用环节	1	12.50
	继续开展全方位试点工作	1	12.50

参考文献

[1] 拜冰阳，李艳萍，扈学文，等．关于废铅蓄电池回收、利用的管理问题分析和政策建议 [J]. 环境保护，2015，43 (24).

[2] 拜冰阳，李艳萍，乔琦．我国再生铅行业的清洁生产发展建议 [C]. 中国环境科学学会第五届重金属污染防治及风险评价讨论会暨重金属污染防治专业委员会2015年学术年会论文集，2015.

[3] 蔡洪英，张曼丽，张益鑫．重庆开展废铅蓄电池收集转运试点工作实践 [J]. 环境与可持续发展，2021，46 (4).

[4] 陈佳智，杨高升．考虑社会监督的建筑废弃物处置演化博弈分析 [J]. 工程管理学报，2020，34 (5).

[5] 陈伟，易莎，邹松，等．建筑固体废弃物资源化利用的三方非对称演化博弈 [J]. 土木工程与管理学报，2019，36 (3).

[6] 刁玉宇，郭志达．基于三方博弈模型的快递包装废弃物回收激励模式研究 [J]. 环境保护科学，2021，47 (5).

[7] 董庆银，郝硕硕，谭全银，等．电网企业废铅蓄电池回收模式与趋势分析 [J]. 中国环境科学，2022 (5).

[8] 甘俊伟，贺政纲，彭茂，等．基于DEMATEL方法的我国报废汽车回收利用产业发展影响因素分析 [J]. 科技管理研究，2016，36 (1).

[9] 耿会君．电动自行车废旧铅酸电池绿色循环利用物流模式研究 [J]. 物流技术，2015，34 (9).

[10] 宫大庆，刘世峰，鲁晓春．基于排队论的电动汽车电池回收建模与仿真研究 [J]. 中国人口·资源与环境，2013，23 (6).

[11] 郭文强. 动力蓄电池循环利用法律制度研究 [D]. 西南大学, 2019.

[12] 郭雄. 基于废旧铅蓄电池回收的逆向物流中心选址模型及应用研究 [D]. 北京交通大学, 2015.

[13] 郭学钊. 动力电池回收利用法律问题研究 [D]. 北京理工大学, 2015.

[14] 何艺, 郑洋, 何叶, 等. 中国废铅蓄电池产生及利用处置现状分析 [J]. 电池工业, 2020, 24 (4).

[15] 何艺, 郑洋, 李忠河, 等. 社会源危险废物收集和转移管理制度创新探讨——以废铅蓄电池为例 [J]. 环境与可持续发展, 2018, 43 (6).

[16] 侯瑞花. 我国电子废弃物回收管理主体责任承担研究 [D]. 新疆财经大学, 2015.

[17] 胡彪, 杨帆, 陈龙. 废铅酸蓄电池铅膏回收利用技术研究进展 [J]. 应用化工, 2019, 48 (11).

[18] 胡占成. 我国新能源汽车动力电池回收系统法律问题研究 [D]. 山西财经大学, 2019.

[19] 黄进, 曾恬静, 董敏慧, 等. 废铅蓄电池管理现状、问题与完善回收体系的建议——以湖南省为例 [J]. 环境保护, 2021, 49 (6).

[20] 贾丰春, 郑舒. 废旧铅酸电池的回收利用 [J]. 辽宁化工, 2008 (11).

[21] 江世雄, 涂承谦, 翁孙贤. 基于"大云物移智"的电网企业废铅蓄电池管理探索 [J]. 中国新技术新产品, 2020 (22).

[22] 江晓玲. 废铅蓄电池收集和转移管理制度创新研究 [J]. 绿色科技, 2019 (24).

[23] 李健, 张珊珊. 面向 EPR 制度的多利益主体行为研究 [J]. 软科学, 2010, 24 (10).

[24] 李磊, 杨利峰, 吴丽媛. 欠发展城市完善快递包装废弃物回收的博弈分析 [J]. 成都师范学院学报, 2019, 35 (11).

[25] 李平, 黄雪约. 广西废铅蓄电池回收利用现状及对策建议 [J].

大众科技，2019，21 (3).

[26] 李思航. 我国废旧铅酸蓄电池的回收处理现状研究 [J]. 广东化工，2017，44 (16).

[27] 梁霞. 废旧铅蓄电池回收物流网络布局研究 [D]. 大连海事大学，2013.

[28] 林仰璇，许冠英，王典，等. 废铅蓄电池回收管理现状及对策研究——以广东省汽修行业为例 [J]. 中国环保产业，2019 (4).

[29] 刘奥彬. 电子类生活垃圾回收合作博弈研究 [D]. 北京信息科技大学，2018.

[30] 刘道任，卓武扬，郝皓. 基于 EWM - TOPSIS 模型的建筑垃圾逆向物流模式选择研究 [J]. 物流工程与管理，2021，43 (11).

[31] 刘光富，刘文侠，鲁圣鹏，等. 考虑政府引导的社会源危险废物回收处理模式研究 [J]. 科技管理研究，2016，36 (8).

[32] 刘晶，蔡国强，刘海波. 基于 Agent 的电动汽车电池回收模型研究 [J]. 物流技术，2012，31 (23).

[33] 卢笛. 建设有中国特色的废旧铅酸蓄电池回收体系 [J]. 中国有色金属，2018 (1).

[34] 穆献中，薛莲. 外卖包装物回收过程中的大学生分类行为研究 [J]. 环境工程，2022，40 (2).

[35] 沈强，许小影，邵振华. 灰色多层次综合评判模型在废铅蓄电池回收模式中的应用 [J]. 中国资源综合利用，2020，38 (6).

[36] 宋志伟. 电动自行车企业废旧铅酸蓄电池逆向物流网络构建研究 [D]. 燕山大学，2014.

[37] 孙明波，张世勋. 电子废弃物回收企业经济补偿机制的系统动力学研究 [J]. 科技管理研究，2012，32 (23).

[38] 孙明星. 中国废旧电池回收路径与管理体系研究 [D]. 山东大学，2016.

[39] 王晨，江婷钰，江博新. 废旧动力电池回收利用研究进展及展望 [J]. 再生资源与循环经济，2018，11 (10).

[40] 王桂君，从美超. 国内外废旧铅酸蓄电池回收模式探讨 [J]. 工

业安全与环保，2014，40（11）.

［41］王海滋，潘信铭，张士彬．建筑废弃物资源化利用相关方演化博弈分析［J］. 工程管理学报，2021，35（3）.

［42］王昊．基于 TOPSIS 和 ELECTRE 的居民区生活垃圾分类方案研究［D］. 华中科技大学，2015.

［43］王建华，陶君颖，陈璐．养殖户畜禽废弃物资源化处理受偿意愿及影响因素研究［J］. 中国人口·资源与环境，2019，29（9）.

［44］王军．铅酸蓄电池回收再生产业善治路径选择［J］. 中国环境管理干部学院学报，2015，25（6）.

［45］王秀艳，曲英，武春友．基于 Grey－DEMATEL 电子废弃物回收制约因素研究［J］. 当代经济管理，2016，38（3）.

［46］王悦晨．低碳物流视角下快递包装回收模式应用现状及完善对策的实证分析——以武汉市为例［J］. 企业技术开发，2016，35（14）.

［47］魏俊奎，张文俊，王来善，等．电网企业废铅蓄电池分类分级处置管理体系研究［J］. 低碳世界，2021，11（2）.

［48］席暄，安克杰，陈志雪．基于物联网的废铅蓄电池逆向物流回收体系的建立［J］. 蓄电池，2017，54（2）.

［49］向海燕．基于 Fuzzy－DEMATEL 的电器电子企业履行 EPR 影响因素研究［D］. 西南科技大学，2020.

［50］肖家庚．废铅蓄电池粉碎拆解清洁生产管理改善研究［D］. 天津理工大学，2021.

［51］徐颖，葛新权，王伟．城市垃圾分类回收逆向物流三方主体进化博弈行为分析——基于垃圾分类回收市场化运作模式的探索［J］. 经济研究参考，2017（40）.

［52］许民利，李圣兰，郑杰．“互联网＋回收”情境下基于演化博弈的电子废弃物回收合作机理研究［J］. 运筹与管理，2018，27（9）.

［53］许文林，聂文，王雅琼．废铅蓄电池铅资源化回收利用新工艺［J］. 电池工业，2016，20（1）.

［54］许振晓，李家辉．城市生活垃圾处理链中主体行为研究——基于多方演化博弈的视角［J］. 邵阳学院学报（社会科学版），2019，18（4）.

[55] 杨丽，李帮义，徐广姝．生产者对回收责任约束的参与意愿——强制性与自愿性的形成机理及驱动因素分析 [J]．运筹与管理，2020，29 (3)．

[56] 杨苏，姚丽春．基于消费视角的建筑废弃物资源化博弈分析 [J]．湖南工业大学学报，2021，35 (3)．

[57] 余福茂，钟永光，沈祖志．考虑政府引导激励的电子废弃物回收处理决策模型研究 [J]．中国管理科学，2014，22 (5)．

[58] 余辉，周杰，王玲玲，等．江苏省废铅酸蓄电池环境管理现状及对策研究 [J]．科学技术创新，2017 (21)．

[59] 袁博．动力电池报废与回收对策研究 [J]．汽车文摘，2019 (11)．

[60] 詹光，黄草明．废铅酸蓄电池铅膏回收利用技术的现状与发展 [J]．有色矿冶，2016，32 (1)．

[61] 张学梅，谢英豪，余海军，等．广东省废旧电池回收利用标准体系分析 [J]．电池，2019，49 (4)．

[62] 张正洁，李佳玲，尚辉良．我国废铅蓄电池收集管理最佳可行模式探讨 [J]．资源再生，2013 (2)．

[63] 钟彤．废旧铅酸电池逆向物流模式选择及网络构建研究 [D]．江西理工大学，2015.

[64] 诸献雨．废旧铅酸蓄电池回收及处置对策研究 [J]．资源节约与环保，2019 (8)．

[65] Abdullah L., Zulkifli N., Liao H., et al.. An interval-valued intuitionistic fuzzy DEMATEL method combined with Choquet integral for sustainable solid waste management [J]. Engineering Applications of Artificial Intelligence, 2019, 82.

[66] Andrews D., Raychaudhuri A., Frias C. Environmentally sound technologies for recycling secondary lead [J]. Journal of Power Sources, 2000, 88 (1): 124 - 129.

[67] Arikan E., Simsit - Kalender Z., Vayvay O. Solid waste disposal methodology selection using multi-criteria decision making methods and an appli-

cation in Turkey [J]. Journal of Cleaner Production, 2017, 142: 403 - 412.

[68] Atasu A., Sarvary M., Van Wassenhove L. N. Remanufacturing as a marketing strategy [J]. Management Science, 2008, 54 (10).

[69] Austin A. A. Where will all the waste go? Utilizing extended producer responsibility framework laws to achieve zero waste [J]. Golden Gate University Environmental Law Journal, 2013, 6 (2).

[70] Bertuol D., Bernardes A., Tenorio J. Spent NiMH batteries: Characterization and metal recovery through mechanical processing [J]. Journal of Power Sources, 2006, 160 (2): 1465 - 1470.

[71] Bo Y., Yang T., Bin Y., et al.. Vacuum decomposition thermodynamics and experiments of recycled lead carbonate from waste lead acid battery [J]. Thermal Science, 2021, 25 (1): 25 - 38.

[72] Chandramowli S., Transue M., Felder F. A. Analysis of barriers to development in landfill communities using interpretive structural modeling [J]. Habitat International, 2010, 35 (2).

[73] Chen H., Zhou H., Wu X. The evolutionary game model of the multiple governance system of Chinese construction waste [J]. IOP Conference Series: Earth and Environmental Science, 2021, 706 (1).

[74] Coban A., Ertis I., Cavdaroglu N. Municipal solid waste management via multi-criteria decision making methods: A case study in Istanbul, Turkey [J]. Journal of Cleaner Production, 2018, 180: 159 - 167.

[75] Corsini F., Rizzi F., Frey M. Extended producer responsibility: The impact of organizational dimensions on WEEE collection from households [J]. Waste Management, 2017, 59: 23 - 29.

[76] Daniel S. E., Pappis C. P., Voutsinas T. G. Applying life cycle inventory to reverse supply chains: A case study of lead recovery from batteries [J]. Resources, Conservation & amp; Recycling, 2003, 37 (4).

[77] De Giovanni P., Zaccour G. A two-period game of a closed-loop supply chain [J]. European Journal of Operational Research, 2014, 232 (1).

[78] De Michelis I., Ferella F., Karakaya E., et al.. Recovery of zinc

and manganese from alkaline and zinc-carbon spent batteries [J]. Journal of Power Sources, 2007, 172 (2).

[79] D. Nelen A., Van der Linden I., Vanderreydt, et al.. Life cycle thinking as a decision tool for waste management policy [J]. Revue De Metallurgie - Cahiers D Informations Techniques, 2013, 110 (1): 17-28.

[80] D. T., H. V. Sequence homology requirements for transcriptional silencing of 35S transgenes and post-transcriptional silencing of nitrite reductase (trans) genes by the tobacco 271 locus [J]. Plant Molecular Biology, 1996, 32 (6).

[81] Estay - Ossandon C., Mena - Nieto A., Harsch N. Using a fuzzy TOPSIS - based scenario analysis to improve municipal solid waste planning and forecasting: A case study of Canary archipelago (1999 - 2030) [J]. Journal of Cleaner Production, 2018, 176.

[82] Ferracin L. C., Chácon - Sanhueza A. E., Davoglio R. A., et al.. Lead recovery from a typical Brazilian sludge of exhausted lead-acid batteries using an electrohydrometallurgical process [J]. Hydrometallurgy, 2002, 65 (2-3): 137-144.

[83] Fleckinger P., Glachant M. The organization of extended producer responsibility in waste policy with product differentiation [J]. Journal of Environmental Economics and Management, 2010, 59 (1): 57-66.

[84] Gao S., Shi J., Guo H., et al.. An empirical study on the adoption of online household e-waste collection services in China [Z]. 2016.

[85] Gasper P., Hines J., Miralda J., et al.. Economic feasibility of a novel alkaline battery recycling process [J]. Journal of New Materials for Electrochemical Systems, 2013, 16 (4): 297-304.

[86] Genaidy A. M., Sequeira R., Tolaymat T., et al.. An exploratory study of lead recovery in lead-acid battery lifecycle in US market: An evidence-based approach [J]. Science of the Total Environment, 2008, 407 (1).

[87] Ghalehkhondabi I., Maihami R. Sustainable municipal solid waste disposal supply chain analysis under price-sensitive demand: A game theory ap-

proach [J]. Waste Management & amp; Research, 2020, 38 (3).

[88] Guide V. D. R., Van Wassenhove L. N. The evolution of closed – loop supply chain research [J]. Operations Research, 2009, 57 (1).

[89] He K., Zhang J., Zeng Y. Households' willingness to pay for energy utilization of crop straw in rural China: Based on an improved UTAUT model [J]. Energy Policy, 2020, 140.

[90] Hickle G. Comparative analysis of extended producer responsibility policy in the United States and Canada [J]. Journal of Industrial Ecology, 2013, 17 (2): 249 – 261.

[91] Hsu C., Kuo T., Chen S., et al.. Using DEMATEL to develop a carbon management model of supplier selection in green supply chain management [J]. Journal of Cleaner Production, 2013, 56: 164 – 172.

[92] Hyunhee K., Chul J. Y., Yeonjung H., et al.. End-of-life batteries management and material flow analysis in South Korea [J]. Frontiers of Environmental Science & amp; Engineering, 2018, 12 (3).

[93] Jin – Sheng L., Ji Y., Ting C. Recycle and disposal status of worn-out lead-acid battery and its countermeasures [J]. Light Industry Machinery, 2010, 28 (5): 1 – 4.

[94] Jorgensen S. A dynamic game of waste management [J]. Journal of Economic Dynamics & Control, 2010, 34 (2): 258 – 265.

[95] Kalimo H., Lifset R., van Rossem C., et al.. Greening the economy through design incentives: Allocating extended producer responsibility [J]. European Energy and Environmental Law Review, 2012, 21 (6): 274 – 305.

[96] Kannan G., Sasikumar P., Devika K. A genetic algorithm approach for solving a closed loop supply chain model: A case of battery recycling [J]. Applied Mathematical Modelling, 2009, 34 (3).

[97] Kaushal R. K., Nema A. K., Chaudhary J. Strategic exploration of battery waste management: A game-theoretic approach [J]. Waste Management & amp; Research, 2015, 33 (7).

[98] Khanlari G. R., Abdi Y., Babazadeh R., et al.. Land fill site se-

lection for municipal solid waste management using GSI method, Malayer, Iran [J]. Advances in Environmental Biology, 2012, 6 (2).

[99] Kreusch M. A., Ponte M. J. J. S., Ponte H. A., et al.. Technological improvements in automotive battery recycling [J]. Resources Conservation and Recycling, 2007, 52 (2): 368 - 380.

[100] Kumar A., Dixit G. An analysis of barriers affecting the implementation of e-waste management practices in India: A novel ISM - DEMATEL approach [J]. Sustainable Production and Consumption, 2018, 14.

[101] Li J. S., Fan H. M. Cooperative game analysis on wastes recycling from industrial zones [J]. Advanced Materials Research, 2013, 726 - 731.

[102] Lin H., Bingzhen S. Exploring the EPR system for power battery recycling from a supply-side perspective: An evolutionary game analysis [J]. Waste Management, 2021, 140 (prepublish).

[103] Lin S., Chiu K. An evaluation of recycling schemes for waste dry batteries-a simulation approach [J]. Journal of Cleaner Production, 2015, 15 (93): 330 - 338.

[104] Liu W., Qin Q., Li D., et al.. Lead recovery from spent lead acid battery paste by hydrometallurgical conversion and thermal degradation [J]. Waste Management & amp; Research, 2020, 38 (3).

[105] Ming - Lang T. Application of ANP and DEMATEL to evaluate the decision-making of municipal solid waste management in Metro Manila [J]. Environmental monitoring and assessment, 2009, 156 (1/4).

[106] Mir M. A., Ghazvinei P. T., Sulaiman N. M. N., et al.. Application of TOPSIS and VIKOR improved versions in a multi criteria decision analysis to develop an optimized municipal solid waste management model [J]. Journal of Environmental Management, 2016, 166.

[107] Muchangos L. S. D., Tokai A., Hanashima A. Analyzing the structure of barriers to municipal solid waste management policy planning in Maputo city, Mozambique [J]. Environmental Development, 2015, 16.

[108] Nash J., Bosso C. Extended Producer Responsibility in the U. S.:

Full Speed Ahead? [J]. Journal of Industrial Ecology, 2013, 17 (2).

[109] Natkunarajah N., Scharf M., Scharf P. Scenarios for the Return of Lithium-ion Batteries out of Electric Cars for Recycling [J]. Procedia CIRP, 2015, 29 (C).

[110] Niza S., Santos E., Costa I., et al.. Extended producer responsibility policy in Portugal: A strategy towards improving waste management performance [J]. Journal of Cleaner Production, 2014, 1 (64): 277-287.

[111] Sarp Ç, ülkü Y., Kahraman. Ü. Identification of management strategies and generation factors for spent lead acid battery recovery plant wastes in Turkey [J]. Waste Management & Research: The Journal of the International Solid Wastes and Public Cleansing Association, ISWA, 2019, 37 (3): 199-209.

[112] Savaskan R. C., Bhattacharya S., van Wassenhove L. N. Closed-loop supply chain models with product remanufacturing [J]. Management Science, 2004, 50 (2).

[113] Savaskan R. C., Van Wassenhove L. N. Reverse channel design: The case of competing retailers [J]. Management Science, 2006, 52 (1).

[114] Schultmann F., Engels B., Rentz O. Closed-loop supply chains for spent batteries [J]. Interfaces, 2003, 33 (6).

[115] Sivakumar K., Jeyapaul R., Vimal K., et al.. A DEMATEL approach for evaluating barriers for sustainable end-of-life practices [J]. Journal of Manufacturing Technology Management, 2018, 29 (6).

[116] Souza. G. C. Closed-loop supply chains: A critical review, and future research [J]. Decision Sciences, 2013, 44 (1): 7-38.

[117] Sze-Yintan, Payne D. J., Hallett J. P., et al.. Developments in electrochemical processes for recycling lead-acid batteries [J]. Current Opinion in Electrochemistry, 2019, 16: 83-89.

[118] Tian X., Wu Y., Gong Y., et al.. Residents' behavior, awareness, and willingness to pay for recycling scrap lead-acid battery in Beijing [J]. Journal of Material Cycles and Waste Management, 2015, 17 (4): 655-664.

［119］ Tian Y. , Chen J. , Wang Y. , et al. . Research on the influencing factors of the willingness to use intelligent classification equipment for municipal waste ［J］. Environmental Engineering and Management Journal, 2022, 20 (11): 1875 –1882.

［120］ Topuz E. , Erkan O. V. , Talınlı I. Waste management strategies for cleaner recycling of spent batteries: Lead recovery and brick production from slag ［J］. International Journal of Environmental Science and Technology, 2019, 16 (12).

［121］ Tseng M. , Lin Y. H. Modeling a hierarchical structure of municipal solid waste management using interpretive structural modeling ［J］. WSEAS Transactions on Environment and Development, 2011, 7 (10/12).

［122］ Wang C. , Chai X. , Sun M. Closing the Loop on a Circular Supply Chain ［J］. Entrepreneurial Strategy Innovation and Sustainable Development, 2007, 658 –662.

［123］ Wang Z. , Ren J. , Goodsite M. E. , et al. . Waste-to-energy municipal solid waste treatment, and best available technology: comprehensive evaluation by an interval-valued fuzzy multi-criteria decision making method ［J］. Journal of Cleaner Production, 2018, 172: 887 –899.

［124］ Xiaoqing S. , Xinghua L. , Tong M. , et al. . Classification of municipal solid waste based on Game Analysis ［J］. IOP Conference Series: Earth and Environmental Science, 2021, 687 (1).

［125］ Xiaoyuan G. Measurement and analysis of agricultural waste recycling efficiency ［J］. Environmental Engineering and Management Journal, 2020, 19 (9).

［126］ Xing P. , Wang C. , Wang L. , et al. . Hydrometallurgical recovery of lead from spent lead-acid battery paste via leaching and electrowinning in chloride solution ［J］. Hydrometallurgy, 2019, 189.

［127］ Xuehua J. The game model of signal transmission between e-waste recycling platform and recycler ［J］. Journal of Physics: Conference Series, 2021, 1774 (1).

[128] Yamini G., Samraj S. Managing used lead acid batteries in India: Evaluation of EPR – DRS approaches [J]. Journal of health & amp; pollution, 2015, 5 (8).

[129] Yu H. J., Zhang T. Z., Yuan J., et al.. Trial study on EV battery recycling standardization development [J]. Progress in Environmental Science and Engineering, 2013, 610 – 613.

[130] Zhang J., Li B., Garg A., et al.. A generic framework for recycling of battery module for electric vehicle by combining the mechanical and chemical procedures [J]. International Journal of Energy Research, 2018, 42 (10): 3390 – 3399.

[131] Zhou L., Garg A., Zheng J., et al.. Battery pack recycling challenges for the year 2030: Recommended solutions based on intelligent robotics for safe and efficient disassembly, residual energy detection, and secondary utilization [J]. Energy Storage, 2021, 3 (3): 1 – 12.